社會團體　開會秘籍

Social association meeting guide

社會團體

開會秘籍

Social association meeting guide

林宣宏 編著

推薦序一

會議是一種社會科學，也是一種人文藝術

張維清
國際同濟會台灣總會　第 48 屆總會長

議事規則是落實社團治理的工具之一，是一種推進社會誠信和公平程序有效的工具書，可惜體制內的學校並沒有教「會議規範」，是出社會參加社團，每一位會員必修的學分。

國際同濟會台灣總會，面對全國各縣市，鄉、鎮、市、區所屬的同濟會，每一年一屆有很多是新會長、新朋友，加入國際同濟會，很多沒有參加過社團開會，而國際同濟會每個月要召開理事會、月例會，還有年度的會員大會，社團常開會是社團新鮮人和新會長，必須學習的民權初步。

新會長在就任前，參加各區舉辦的「會議規範」講習，聽過「會議規範」條文解釋的課程，或自修看過「會議規範」一百條，但是真正擔任會長、擔任會議主席，當宣布會議開始起，生手的會議主席，常常腦筋一片空白，不知道說什麼？常見坐旁邊的輔導會長，協助引導會議的進行。

國內就欠缺一本社團開會的引導書籍，如今這本書的誕生，有助於生手會議主席、社團新鮮人，參加開會實務運作上，很好的參考書。

作者宣宏兄，二十多年前參加國際同濟會，在 26 屆曾任台中縣區葫蘆墩國際同濟會的會長、36 屆台中縣區主席、多屆總會委員會的主委及 40 屆總會秘書長，社團的經歷相當完整。

爲了接任，國際同濟會台灣總會 48 屆議事委員會主委，他以過

去參加團體，豐富的議事經驗與學養，深入淺出用白話解說議事的運作，有系統的融入企業管理知識，探討開會的相關應用。

從開會前的準備工作，到開會劇本的演練及開會通知和會議紀錄的正確公文製作，開會實際會遇到的問題及應對的答案，編成這本書，提供全套開會的範例與說明，可以快速幫助會長主持會議，出席的理事、監事，列席的會員，了解開會時不同角色的扮演。

尤其提出，個人發言品質檢測表、會議品質檢測表，是社團議事學上的創新，可以提醒會議前、會議中，應該注意的工作項目，將有效提升開會的品質，這是一本提供講習或自修很好的參考書。

為了國際同濟會開會更順暢，國際同濟會未來更好，而促成這本書的出版，維清代表國際同濟會台灣總會，非常的感謝宣宏議事主委，辛苦編書，將開會經驗不藏私的公開，並集結成冊出版流傳的付出和貢獻！

《社會團體　開會秘籍》是一本值得您投資學「問」的好書，維清迫不及待的要將這本書推薦給您！

這是一本有效學習引導開會的珍貴寶典，希望您每次開會都能運用書中的技巧，可以很快得到大家的共識，達到開會解決問題的目的，進行有效益又圓滿成功的會議。

推薦序二

會議是非營利組織的決策工具

蕭成益
國際同濟會台灣總會　第 49 屆總會長

國家社會是由政府、企業和非營利組織，三個部門組成。政府部門訂定及執行公共政策，企業部門扮演市場機能的角色，非營利組織和政府是夥伴關係，舉辦各種社會服務活動，幫助政府做不到的公益事項，處理前兩部門沒有涵蓋的事務，這三個部門緊密結合，才能使得國家社會的運作順暢，民眾可以得到最周全的照顧。

國際同濟會台灣總會，是許多非營利組織之一，關懷兒童、無遠弗屆 Serving the Children of the World，48 年來現在台灣已經有四百多個分會，一萬七千多位會員，分怖在全國各縣市、各鄉鎮市區中，秉持一步一腳印的精神，致力服務兒童與社區，共同建立國際同濟會的公益品牌形象。

內政部在 110 年，頒 109 年度【全國社會團體公益貢獻獎】之【金質獎】，再度頒給國際同濟會台灣總會，全國約有 6 萬個非營利組織的社團，等於榮獲「全國非營利組織的金馬獎」，國際同濟會多年榮獲殊榮，實在不容易。

作者宣宏兄和我，都擔任過國際同濟會台灣總會秘書長，熟悉總會各項運作，又是國際同濟會早期完成碩士學業，且在大學兼任講師的會員，我們都希望有機會服務總會、參與經營的時候，能夠將研究非營利組織運作的知識，導入國際同濟會台灣總會，提升經營效率及公益形象。

《社會團體　開會秘籍》，這本書記錄開會議事的演進、西方議

事規則的源起，到議事學怎麼來到東方，始於國父孫中山先生的「民權初步」及內政部頒布「會議規範」，細說非營利組織開會的基本認知，解釋議事規則、活化法條、活用案例說明，及會長主持會議的技巧、也提供理事會，開會的演練劇本，提供讀者清楚了解開會的過程及細節，可以幫助非營利組織決定做公益的各項會議，能夠圓滿順利。

書中有開會通知、會議紀錄，正確公文寫作的範例，有效彌補同濟會秘書長或秘書小姐不是公務員，沒有接受正確公文寫作的訓練，可以改善同濟會對外正確行文的形象。

會議禮儀篇，從接待引導、交換名片、握手、進入會場找座位的禮儀，細節到倒茶水的禮儀、會議中發言的禮儀等等，將可以提升同濟會員的素質和彬彬有禮的氣質。

最後一章，社會團體法草案，提供讀者提前部署了解，「人民團體法」是戒嚴時期管理人民團體的規定，大法官解釋違反憲法規定，人民有結社自由的保障。行政院 106 年院會已通過，內政部的「社會團體法」草案，並送請立法院審議中，預知未來政府將對非營利組織更鬆綁，要有迎接社團自治的準備。

這是很容易看懂會議規範相關規定的一本書，是非營利組織開會議事，自修研習、體驗學習，很好的工具書，特別在此推薦！

和宣宏兄討論，未來期待有更多非營利組織：領導統御、財務管理及公共關係的經營管理工具書誕生，協助培訓人文素養與專業知能兼具的非營利組織領導管理人才，進而促進非營利組織創新、樂觀與幸福的公民社會發展。

共同期待提升非營利組織的功能和效益，一起發揚同濟精神，建立永恆友誼，奉獻利他之服務，建立良好美善之社會。

推薦序三

把會開好，勝過把會開滿

賴國洲
台灣電視公司　前董事長
政治大學、文化大學　教授
財團法人媒體識讀教育基金會　董事長
財團法人十大傑出青年基金會　常務董事兼執行長

認識林宣宏先生，是一種不斷驚喜與一連串驚嘆號的歷程，也是我個人臨淵羨魚之後，嘗試學習的榜樣與動力。

驚喜與驚嘆，是因爲宣宏兄不停歇的在追求自我人生的跨領域成長，而且他是深入其中專業，但又擅長於用樂觀且生活化的語言文辭，幽默地、創意地，自在自信地揮灑，如禪師般，讓人自然領悟其中。

套用現代網路流行用語，這是宣宏的精采斜槓人生。而作爲宣宏好朋友的我，愉悅地分享其中。

這一次，宣宏兄要跟大家深入淺出地分享如何好好開會，把會開好，勝過把會開滿。

開會能集中意見，使討論的事務更臻縝密與圓熟，民主社會是到處需要開會的時代，天天在不同的地方，都有會議在進行。

根據調查，會議失敗包括：會議過於冗長、討論失焦、主持失控等等，都是沒有依照會議規範相關法規，循一定的規則，研究事理達成決議解決問題，以收群策群力之效。

臺灣體制內的教育學程，並沒有教民權初步、會議規範，怎麼正確的開會，書局也沒有社團開會專用的工具書出版，所以造成很多社團沒有依循內政部頒布的會議規範開會，會議主席的理事長或

會長，以自己的想法，溝通協調出結果，並不是依議事規則正確開會程序的決議，也是達到開會取得共識決議之一。

宣宏兄事業上曾任，臺灣省電腦商業同業公會聯合會理事長，參加過國際青商會、國際同濟會，都常常要開會，因三十年來熟悉參加社團開會需要什麼？欠缺什麼教材及範例？對社團開會議事才有幫助！

針對社團開會前的準備工作、會議如何有效率進行的技巧，包括開會通知及會議紀錄的正確公文範本，都編寫在這一本非常實用的《社會團體　開會秘籍》。

現代管理學，將理事長或會長的五項領導職能：計劃、組織、指揮、協調、控制。通過會議實踐社團的運作，從研討制定計劃到執行活動，引導並控制這個社團會務的運作。開會議事學、社會團體開會秘籍，是社會團體領導人必備的知識。

迎接審議式民主的世代，如何透明化的、規則化的、互動化的，在平權與對等中，充分透過議事而交流，更是現代民主社會人士必修的學分。

談了嚴肅話題，意猶未盡，再數說些作者宣宏吧！也許更有助於讀者理解作者宣宏書中的種種語重心長，體驗開會就是生活的語意境界。

認識作者宣宏兄，始於青年服務工作的共事，謙謙君子、誠摯胸懷、熱心公益、創意很多。我們一趟日本學習之旅，驚訝地發現他對葫蘆的熱愛以及知識，這才了解他感恩他成長的家鄉豐原（舊地名葫蘆墩），從而浸潤於葫蘆文化。

因葫蘆，宣宏涉獵漆料（天然的喔）與漆器。以後又看到他把漆與筷子作生活化結合。然後宣宏玩起泥土，創意地將陶瓷器與漆結合。葫蘆墩文化產業就他的碩士學位論文。其實，他是地方創生的先行者，社區營造與社區產業的實踐家。

推薦序四

「議」通百通，助人我共好，促群己同行

宋偉民

中華議事學會　理事長

輔仁大學現代議事學　副教授

因偶然在 Line 看到「議事討論社群」斗大的「議」字 icon，對我長期研究和推廣議事學的人來說，是極爲驚奇的。因爲在台灣有關議事的團体和專家學者，還有 fb、Line、微信等通訊軟体，我應該都略有所悉，但以「同濟會 48 屆議事主委　林宣宏」爲名的社群，確屬首見。

在台灣「青商會」是研究和推廣議事學的國際性社團，爲該會的會務三寶之一。有部分資深會員轉而成立新社團，如：台灣議事效率促進會和幾個地方的議事效率促進會。也有如林宣宏主委青商會 OB 後加入同濟會，推廣議事學的研究與運用且績效卓著。

但我未涉入僅限於聽聞，並未對該會的發展有全面的了解。突然間，竟有議事討論社群的建立，我立即加入，並馬上請教後了解，是林宣宏主委建立於 2021 年 10 月 1 日，同時，我暫停了正建立中的「人我共好，群已同行」Line 社群，轉而邀請我原來多個 Line 群組的好友加入該 Line 社群，並開始與版主林宣宏主委有頻繁的連繫。

去年 12 月 12 日，林宣宏主委因有行程北上，忙完之後特別撥空前來中華議事學會的劍潭辦公室探訪，相談甚歡，獲益良多。我也將 30 多年來所購置或收集的古今中外議事學書籍和議事相關小飾品相贈，留作紀念。

林宣宏主委謙沖爲懷，人際關係良好，更是多才多能，除其本業專長，擔任多項高階領導人，還熱心公共事務，參加許多性質不同的社團，歷經不同職務，身居會長、理事長等職務，績效卓著。因此體會到議事學理和議事規則，在人群社會中所發揮的，可以集思廣益，聽取多方意見，有效凝聚共識，達成決議，交付執行，尚可激勵士氣，促進各團體之團結、和諧與進步，功能強大。

爲了將自身之經驗與體會，傳送給更多熱心從事公共事務之人士，著力於《社會團體　開會秘籍》一書之著作。其中，有議事學理之緣起與演進，有基本議事之認知，有主持會議的技巧，有會議行政作業，有公文寫作，還撰寫演練劇本，並引進視訊會議相關法規與各式軟體，內容多元且豐富，足供專業研讀與開會實務參酌，令人感佩，特爲推薦。

推薦序五

因緣聚會

陳勁達
台灣議事效率促進會　創會理事長

作者宣宏兄在台中豐原，我在新北板橋，都是三十年前先參加青商會、再參加同濟會，卻從未相遇，大概是緣分未到吧！

我每次到豐原必去一家漆器工坊，欣賞漆器和購物，因為對漆器的喜愛，與宣宏兄初識於網路上看到天下雜誌的報導，漆藝家林宣宏慢工打造漆器藝術，肩負台中豐原風土藝術復興夢，以創意再現豐原新風采，優遊葫蘆墩難得糊塗，希望葫蘆墩重現江湖……。

無意間再得知，他也是青商會員，與他搭上線後，有一次我受邀到台中講授會議規範，課後就從臺中搭火車到豐原與他相識，相見之時，一見如故、彷如多年好友，因為我們有共同的符號～青商人及我上課的會議規範話題，首次碰面相當興奮，無所不談，來之匆匆，去也匆匆，留下美好的回憶。

我與同濟會結緣於，第 30 屆吳文樑總會長，透過他弟弟吳宗佑兄的推薦，介紹我和第 33 屆蘇文彬總會長認識，並邀請我在理事會上午用 2 小時介紹議事基本概念與演練，讓理事們目瞪口呆、瞠目結舌，進而要求再舉辦一次，是同濟會首次引進會議規範，距今 15 年了。

同濟會在第 35 屆林秉暉總會長正式成立，會議規範委員會，推廣議事的正確運作。第 36 屆吳許巧冬總會長也邀請我去上課，之後屆別也常受邀為議事學上課，結識了很多稱我老師的朋友。

作者宣宏兄的議事學知識，養成於青商會，三十年來運用於他的事業及社團，熟悉議事應用並不以議事講師自居，謙虛具備民權初步的好國民而已。

爲了接任同濟總會，第48屆議事委員會主委，花了一年多的時間，完成這一本「開會秘籍」，曾和宣宏兄討論：「秘籍」和「秘笈」的區別，現代漢語詞典上，「秘籍」是珍貴稀罕的書籍，含義具體且可以公開。「秘笈」給人神秘感，不輕易給人的秘方、秘訣，含義較抽象又不公開，既然要出版印成書，在書局公開上架販售，用「秘籍」很好。

佩服宣宏兄，將「開會秘籍」分十一章單元，細說議事的由來和開會前後實務應用的技巧和案例，非常的豐富，很有參考和學習價值的實戰手冊，在此推薦。

編者序

林宣宏

民主開會就是溝通，溝通須要有包容與妥協的氣度，民主開會的依據是建立在法制的基礎上，參加社會團體常常開會，必須要懂議事規範，是公民基本的民主素養。

但體制內的學校，沒有教如何開會，去書局和網路書店，也找不到社團開會的書籍，才想用三十多年來，參與商業團體、政治團體及社會團體，學到開會技巧和心得，在還沒有年老失智之前，以心得回憶的方式，整理編寫這一本書，提供社團的會員、理事、監事、主持會議的理事長、會長、社長及需要準備會議資料，函送開會通知、會議紀錄的秘書長及行政人員，議事相關法規說明和會議文書作業的範例。

書中解釋「議事規則」活化法條、活用案例的說明，希望能夠如莊子的一則寓言，出自莊子．養生主「庖丁解牛」：比喻殺牛的廚師，如果對牛的身體結構不清楚，亂砍要費很大的力氣，又會弄巧成拙，如果先透澈瞭解全部的關節所在，在肢解時就知道從那裡下手，可以輕鬆又得心應手的肢解切割，運用自如，一切問題皆可迎刃而解。

議事學，是民主社會的通識學科，面對社會團體的成員，不能像在大學教議事的學術理論、個案研究、議事管理研究等等。

本書盡量用白話，淺顯易懂的案例說明，可降低很多人面對開會的困擾，有人一聽到開會是依照「會議規範」就有恐懼感，希望讀者看完本書，你可以輕鬆的、笑笑的說，我也了解開會的議事運作、了解會議的規範了。希望「開會秘籍」因地制宜，適合不同語

言開會，可以增加讀者主持會議的功力，領導社團可以超凡入聖，更有自信。

在臺灣推廣議事的工作，有明確的規則爲工具，會議就能集智廣益、拓寬言路、凝聚共識，隨著時代的進步與科技的發達，對公民權完整的尊重，期待議事學的發展有五項：一、從規則明示到對事不是對人的精神。二、從僵硬條文到重視實務演練。三、從幹部培訓到會員普及通識。四、從決議探討程序的正義。五、從實體會議到視訊會議的運用。開會議事是社團自治的基礎，可以加深議事學的推廣研究及廣度與深度，期待大家一起努力。

人一生的成就，有一種事業上的成就，是身份地位的頭銜、名聲、財富，是追求普世價值的成就。另一種是參加社會團體爲公益志業付出，使人心靈平靜、感覺美好愉悅，是生命上的成就。

參加社會團體交朋友，爲了公益活動，必須參加很多會議來共同決策，所以議事規則不能因過於困難到影響會務運作，成爲做公益的絆腳石。

開會的議事運作應該是簡單促成做公益、做功德的催化劑，取而代之，是參加社團獲得心靈上快樂和成長的成就，是無法量化的精神糧食。

去參加開會，就是去結合社會資源、去貢獻智慧，開心完成大家想爲社會做服務的公益志業，也是佛教談到慈悲「利他」度眾生；主耶穌要求我們要全心全力愛人，實踐基督徒「利他」的愛德；達爾文（Charles Darwin）1871 年的演化論提出「利他」是人類演化的產物，是人類文明的基石；同濟會的信條中，發揚同濟精神，奉獻「利他」之服務，建立良好美善之社會等等，都是鼓勵養成幫助他人的習慣。

預防醫學會研究「利他」的測試：下雨天開車出去，看到路旁美女在淋雨，送一把傘給她，你的開心有多大呢？經過 Hi 快樂指數

（happy index）實驗測試結果，等於老闆給你加薪的開心指數，等於讀書終於畢業的喜悅，這種幫助他人獲得快樂心情，同時身體內的自然殺手 NK 細胞（natural killer cell）和 T 細胞，免疫功能也會成長 4 倍，提高抗癌免疫力，可以減少生病，維護健康的效益。

所以，去開會、去貢獻智慧、去幫助他人的社會公益，可以得到利他、開心、快樂和健康的回報，比賺錢更好的成就，是生命上利他的成就，期待讀者去社團開會，也可以帶回去，開心、快樂和健康的收獲。

感謝好友：張炳中兄，退休於台中縣社會局及台中市政府研考會、法制局長等，以四十年主管核稿的經驗，惠予許多校正。

特別感謝，國際同濟會台灣總會、第 48 屆張總會長維清兄和蕭候任總會長成益兄，對宣宏編著這本書的肯定和支持。媒體泰斗賴國洲博士，亦師亦友的長期厚愛和照顧。臺灣議事學界聲望崇高、受人敬仰的宋偉民副教授、陳勁達老師，每一位都惠賜推薦序文，幫助讀者認識本書，讓本書倍增光彩，萬分感謝！

本書在新冠疫情期間完成，謬誤或遺漏之處，恐難避免，還有許多有待開發、啓發的議題，還有許多可以延伸創新的心靈省思，敬請議事先進和讀者，不吝指教，俾供日後修訂，可以提供社團更齊全、更完善的議事參考，是我的理想，希望藉由本書將這一份心意傳播出去。

目錄

第一章　開會議事的演進

1-1　議事規則的源起

議事學（Parliamentary Procedure）是研究民主開會，議事方法和程序的一種學問。議事制度起源於英國，大約在十三世紀時，英國議會（Parliament）將議事堂的議事過程，不成文的習慣與成文的規則，記錄下來，作爲以後開會的依據，久而久之，這些議事經驗的條文，就成爲議事規則（Parliamentary Procedure）。

1581 年英國的國會立下「一時不議二事」原則，至 1844 年英國國會開始有議事規則 14 條，是一套符合公平與效率的法則，包括：動議案（Motions）、提名（Nominations）、投票（Voting）、法規（Bylaws）與職權（Responsibilities）等等的規則（Rules）。

使議事規則成爲一份完備的條文，必須歸功於美國第一任參議院的議長，湯瑪斯傑弗遜（Thomas Jefferson）編著《議事手冊》（Manual of Parliamenetary Practice），第一次有人爲議事做定義和解釋，是民主國家第一本的議事規則，後來他擔任美國的第三任總統，也是美國獨立宣言的起草人。

其後有：Luther Cushing、Henry Martyn Robert、George Demeter、Alice Sturgis、Henry A.Davidson 等人也有傑出的貢獻。1876 年 2 月亨利．馬丁．羅伯特（Henry Martyn Robert）議事規則的初版問世，之後成爲歐美社會，最受歡迎的議事規則，他是一位美國陸軍的將軍，曾參與南北戰爭，在議事史上貢獻最大。

1-2 羅伯特議事規則

據說，羅伯特年輕時，有一次擔任教堂禮拜的主席，當站上主席台時，他根本不知道如何主持禮拜，從此他立志要研究議事規則一雪恥辱，開始研讀有關議事的書籍，發現各國的議事方法，有很多不同，因此他立志要整合出一本，最符合開會規範的規則。

1876 年羅伯特根據，美國草根社團及英國的議會程序，用系統工程的方法，編纂成議事規則，立即被認同，被廣泛使用於各種會議，是第 1 版的議事準則。

1915 年第 4 版修訂出版，由於羅伯特在議事有獨特的重大貢獻，書名就被公認應冠上他的名字稱爲：《羅伯特議事規則》（Robert's Rules of Order）。

1990 年第 9 版，紅寶石封面的《羅伯特議事規則》（Robert's Rules of Order）、2000 年第 10 版黃色封面、2011 第 11 版淡黃色封面、本書出版前最新版是 2020 年 9 月發行淡黃色封面的第 12 版，獲得美國、中國、歐美各國，各級機關團體採用、共同遵守的議事規則。

羅伯特的相片
（感謝宋偉民副教授提供）

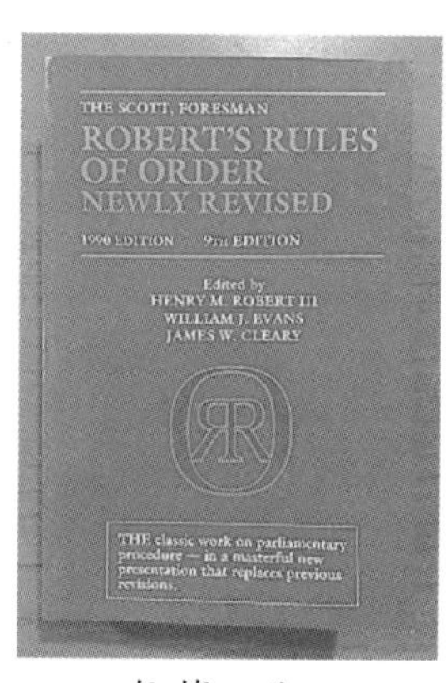

1990 年第 9 版

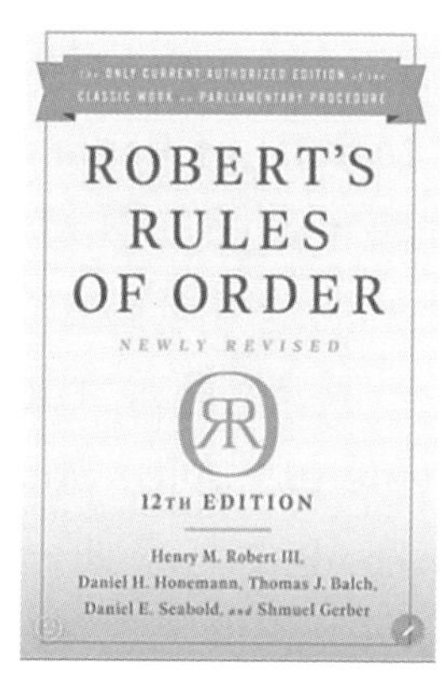

最新版 2020 年第 12 版

《羅伯特議事規則》（Robert's Rules of Order）成爲西方世界，無論是公共領域中的聯合國大會、歐盟議會、各國的國會議事程序，或是上市公司、合夥股東、社團協會、學校班會等等，開會依據的程序。

在東方，中國大陸近年也大力推廣，比台灣更積極撥款補助小區爲單位，推廣開會議事學習，都以《羅伯特議事規則》（Robert's Rules of Order）爲依據，成爲民主社會一種專門的學問。

2000 年《羅伯特議事規則》第 10 版新修定問世，大陸袁天鵬講師與孫涤教授在 2007 年合作翻譯第一本簡體中文譯本，提供華人研究議事規則的參考，可惜台灣一直沒有繁體中文譯本的出版。筆者十年前在上海，買了兩本簡體字版的《罗伯特议事规则》回台灣參考。

國際同濟會臺灣總會章程，第十五章會議準據，第一條：本總會章程及施行細則未涵蓋之程序事宜，應以「羅勃氏議事規則新修訂版」爲議事之準據。

上述「羅勃氏議事規則新修訂版」就是《羅伯特議事規則》（Robert's Rules of Order），目前最新版是 2020 年出版的第 12 版英文書，有 714 頁，13x18x3.3 公分厚的口袋書，書寫內容說明很龐大，是發言辯論一章、優先動議一章、偶發動議一章、表決一章……，用章節個案舉例說明、解釋，是西方英文的書寫方式，和臺灣的會議規範，採用一條一條簡易的規範，是不同文化背景的會議規範。

在地球村的時代，爲了方便大家理解，把《羅伯特議事規則》（Robert's Rules of Order）的精義，整理出 12 條原則，減輕閱讀七百頁英文書的過程，提供摘要如下：

第 1 條：動議中心原則

動議是開會議事的基本單元。會議討論的內容，是一系列明確的動議，必須是具體、明確、可操作的建議。先動議後再討論，無動議不討論。

第 2 條：主持中立原則

會議主席的職責，是依照規則來裁判並執行議程，主席不要發表自己的意見，也不能對別人的發言表示認同或反對。主席若要發言，必須先授權他人，臨時代行主席的職責，直到該動議案表決結束。

第 3 條：機會均等原則

任何人發言前，須請示主席，得到主席允許後才可以發言。先舉手者優先發言，尚未發言者，優於已經發過言者。同時，主席應儘量讓意見相反的雙方，輪流得到發言的機會，以保持正反意見發言的平衡。

第 4 條：立場明確原則

發言人對當前討論動議案的立場，是贊成、還是反對，應首先表明，然後說明理由。

第 5 條：發言完整原則

發言前，不能打斷別人的發言，要發言需主席同意才可以發言。

第 6 條：面對主持原則

發言要面對主席及出席會議的出席人之間，不得私下直接討論或辯論。

第 7 條：限時限次原則

每人每次發言的時間有限制，例如：約定不得超過 3 分鐘，每人對同一動議案的發言次數也有限制，例如：不得超過 2 次。

第 8 條：一時一件原則

發言不得偏離當前待決動議案的內容。只有一個動議處理完畢後，才能再討論另外一個動議。

第 9 條：遵守裁判原則

主席應制止違反議事規則的行爲，違反議事規則的人，要立即接受主席的裁判。

第 10 條：文明表達原則

發言不可以進行人身攻擊、不得質疑他人動機、習慣或偏好，針對議題辯論應該就事論事，對事不對人，以解決問題爲限。

第 11 條：充分辯論原則

每一個動議案表決前，必須經過出席人有充分的討論之後，才進行表決。

第 12 條：多數表決原則

動議的通過，要贊成方的票數，多於反對方的票數。平票數是沒通過。棄權者不計票。

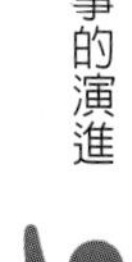

1-3 西方開會的基本精神與原則

不論是大型的會員大會或是迷你型的小組會議，正式的會議或非正式的會議，西方開會有必須遵守四項基本精神，如果有違反就不是好的會議，也不是好的議事程序，開會的四項基本精神，如下：1.會議必須合法性。2.會議要順利進行。3.保障少數意見的陳述權。4.保障多數意見的決定權。西方議事學的興起，發展至今不過兩百年的歷史，大約有九條基本的原則：

1.必須有足夠的法定出席人數（A quorum must be present for the group to act）。

2.議事規則的存在，是爲了增進業務處理與提昇合作與協調（Parliamentary procedure exsists to faciliate the transaction of business and to promote cooperation and harmony）。

3.出席會議，所有出席人的權利、特權與責任是平等的（All members have equal rights, privileges, and obligations），包括：多數的一方，有權做決策，少數的一方，有權做辯護（The majority has the right to decide. The minority has the rights which must be protected）。

4.會議中，一個時間只能討論一個問題（Only one question at a time can be considered at any given time）。

5.會議中，每位出席人都有權利知道，現在正在進行尚未決定的問題，在表決前，請再說明（Members have the right to

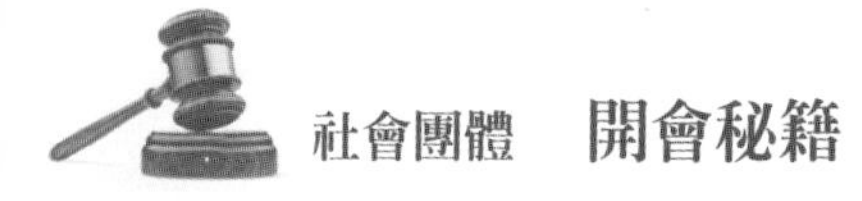

know at all times what the immediately pending questions, and to have it restated before a vote is taken）。

6.沒有得到主席的許可，任何人都不可以發言（No members can speak until recognized by the chair）。

7.對同一個問題，在他人第一次發言尚未結束之前，任何人都不可以要求第二次發言（No one can speak a second time on the same question as long as another wants to speak a first time）。

8.每一項動議，必須經過自由而充分的討論（Full and free discussion of every motion considered is a basic right）。

9.主席必須嚴格遵守，公正無偏（The chair should be strictly impartial）。

從議事學的角度來觀察，以臺灣的立法院和各縣市議會的運作爲例，是制定法律、審定預算及監督行政部門爲主要任務，立委和議員們出席會議，集體行使職權，但是政黨的立場不同、背景不同、理念也不相同，要一起議事，就必須要有一個公平的議事規則。

社會團體相對單純許多，會議要有充分的發言、溝通和協商，就是有意義的會議，只要依循議事規則，進行討論與互動，所以，溝通建立共識是很重要的事，才能保證最後的決議，是最多數意見的決定，就是多數決的原則。

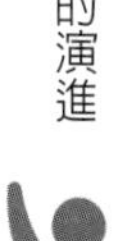

1-4 議事學東來

十九世紀末，西方民主政治與議事的知識傳來東方，成爲中國清朝政府有識之士學習的目標，看到當時國家積弱不振，而有變法之議，變法當然是對原有的專制政體抨擊，闡揚西方自由、民主、平等的觀念，將歐美各國議會制度的引進，成爲當時最重要的方向之一。

戊戌變法，又叫百日維新、維新變法，由光緒皇帝領導，康有爲、梁啓超等維新人士，要引進歐美先進國家的議會制度及立憲等等。要廢科舉、辦學堂、淘汰冗員、發展工商業的改革主張，希望大清走上君主立憲的道路，是中國民主化、自由化最早的思潮。

戊戌變法、百日維新，光緒 24 年（1898 年 6 月 11 日－9 月 21 日）經歷 103 天，短暫的政治改革運動，因慈禧太后守舊派的反撲，造成變法失敗，慈禧太后重新執政，變法失敗後，引起民間更激烈主張改革，推翻帝制，建立共和。未料議事學東來，後來成爲推翻帝制的起因之一。

1-5 民權初步

國父孫中山先生，爲了實現民權主義，發展民主政治，1917 年 2 月在上海發表《會議通則》，感謝宋偉民教授惠贈線裝書給筆者，是國父用毛筆直式繁體字書寫、有刪改、有畫線刪除、也有畫圓圈刪除的手稿，長 26x 寬 19x 厚 4 公分的精裝本，後來書名改爲《民權初步》的社會建設，和「孫文學說」、「實業計畫」並稱爲建國方略。

國父孫中山先生的《民權初步》是將「會議通則」經過打字編排變成 21x16x0.8 公分厚的書冊，內容是大量引用《羅伯特議事規則》（Robert's Rules of Order）及社團議事的沙德女士（Harriette Lucy Shattuck）所著《婦女議事法手冊》（The Woman's Manual of Parliamentary Law）爲藍本，翻譯編寫適合國人的《民權初步》，這一本書是指導國人如何開會、如何把會議開好，第一本中文指導開會的教科書。

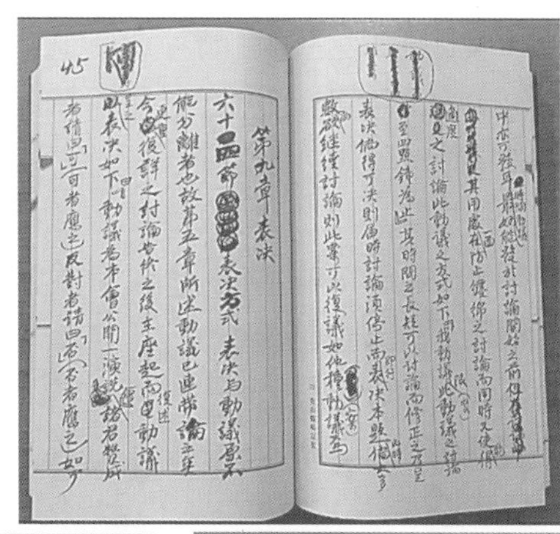

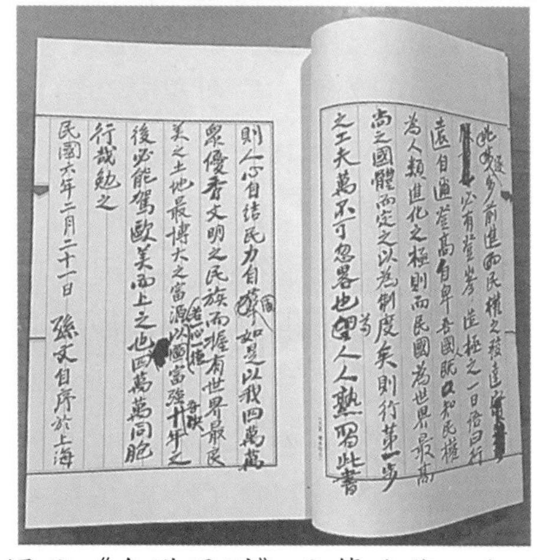

國父《會議通則》毛筆手稿，右下打字印刷版《民權初步》

中華民國政府遷臺後，1954 年（民國 43 年）5 月 19 日，內政部以孫中山先生之《民權初步》爲藍本，頒布「試行會議規範」，直至 54 年 7 月 20 日，才正式頒布使用至今的「會議規範」。

1-6　貴會採用什麼議事規則

議事學上，把會議規範及其相關的法規與解釋，合稱「議事規範」。「會議規範」是台灣社會團體已經約定成俗的議事規則，大學或社團的議事講師，也都引用會議規範教學。幾乎大部分社團都沒有另外制定該會的會議規則，而以會議規範做爲開會的依據規則。

依據內政部的解釋，會議規範既不是命令，僅是一種「規範」，也不是準則或規則，就不是法律。在法學上的順序是：憲法大於法律、法律大於規則、規則大於規範、規範大於民權初步、民權初步大於慣例，都是人民及社團要遵守的。

雖然會議規範共 100 條，已經夠各社會團體平時開會的應用，但法律位階很低，必須有更明確的定位，才能提升其位階。

在臺灣的社會團體中，少數工會、協會，有制定適合自己會內開會依據的議事規則，例如：國際青年商會中華民國總會依據會議規範，增減其內容，自訂適合青商會開會的「青商議事規則」。

筆者建議，各社會團體經過會員大會決議通過，可以在章程增加一條：本會之會議準用「會議規範及電子化會議作業規範」之規定。

如果加在章程施行細則，只要理事會通過，更方便處理，就可以將會議規範及時代進步必須應用視訊會議的電子化會議模式，納入各社團當做議事規範法源的依據。

第二章　社會團體開會的基本認知

開會的議事規則是一種精巧平衡的制度設計，無論對上還是對下，既促進積極平衡，又有適當保護的約束。

參加社會團體不是來開會吵架結怨的，是去交朋友、做公益、積功德，共好、共榮、共享的業餘樂趣！怎麼快樂參與社會團體又受到歡迎呢？你要讓會員朋友認爲：

你有用：能給別人實用價值，跟你相處能打開眼界，放大格局。

你有愛：有愛心、有禮貌，與你相處給人感到溫暖、放心。

你有心：懂得用情、用心交朋友，正面能量無限，人脈必然成金脈。

你有容：有雅量欣賞別人的特色，充分認同別人的價值。

你有德：對人真誠，爲人忠厚，心地善良，不會欺騙人家。

你有量：能傾聽別人的想法，並分享你有價值的知識。

你有趣：能帶給別人愉快的心情，很多人喜歡和你做朋友。

參加社團常常容忍和謙讓，結果會爲了他人而爲難自己，其實不必吃虧、沉默、委屈求全或不會拒絕他人的要求。可以運用自己的善良和智慧，建立你的態度、表達你的觀點、展現你的能力，知道的不必全說，看到的不可全信，聽到的就地消化，篩選過、思考過才說出來，久而久之，氣場自成，能量自大，必成大器！

擁有從容的智慧人生，「深諳世故，卻不世故」才是低調成熟的善良，是參加社會團體的基本認知。

2-1 社團與社團法人的不同

依人民團體法規定，人民團體分爲三種：一、社會團體。二、職業團體。三、政治團體。

社會團體在內政部或各縣市政府立案後，如想成爲社團法人，必須再向地方法院申請。申請人可向法院服務中心售狀處，購買社團法人登記申請書一份，或於法院網站下載，逐欄詳細填寫，由申請人及全體理事簽名或蓋章，並加蓋印信圖記。

舉例：臺中市葫蘆墩國際同濟會，已經在臺中市政府社會局立案，再向臺中地方法院，申請成爲社團法人，全名就會變爲：社團法人臺中市葫蘆墩國際同濟會。

■社團和社團法人有什麼不同？

政府機關的考量不同，有些單位認爲，再經過各地方法院公證之後的單位，能夠有更優質的管理，才會要求法人資格。大體而言，有社團法人登記的團體，其財務運作會比較嚴謹，有縣市政府社會局與地方法院雙軌管理，比較能信任。

■社團法人有什麼好處？

依據公益勸募條例，團體對外發起募捐活動，需要具有法人資格。另外是縣市政府與一些機關，通常會根據其專案的考量，會要求具有社團法人資格的才可以申請補助案、接受委託辦理專案等等。

以公益彩券盈餘分配基金爲例，45%用於國民年金、5%是全民健康保險準備、50%是給各直轄市、縣市政府，分配公益彩券盈餘金額，給各縣市的金額很多。

社團法人可以擬定企劃書，向各縣市政府社會局，申請公益彩券盈餘分配基金，各縣市政府社會局，也都定時在網站公告，公益彩券盈餘補助民間團體及補助金額一覽表，上網參考公告的補助計畫項目，若各團體立案宗旨、目標相符，也可以參考申請補助，借力使力，執行公益計畫的財務會比較輕鬆。

2-2　社會團體開會的目的

開會不是只有討論提案，解決議案的問題而已，社團召開會議有四個目的：

一、分享資訊，二、解決問題，三、統一意見，四、聯誼功能。

分布在各縣市（鄉鎮市區）的基層分會團體，每次開會的議程中，會有分享相關活動的資訊，例如：同濟會的議程中有一項：總會會務宣導，就是分享資訊。另外，理事長、會長、社長或上級來賓，利用開會致詞的機會，說明報告我們這個團體，最近要推動的會務活動或教育訓練等等，都是分享資訊的功能。所以，常出席參加會議者，就可以從會議中知道分享資訊的內容。如果很少出席會議，就不知道參加這個團體在做什麼？

大家平常士、農、工、商，以經營自己的事業爲主，利用工作之餘參加社團開會，大家交換意見，解決職務上、會務上的問題。最後由理事長統一內部意見，形成會員的共識，就是統一意見的功能。開會見面三分情，也是討論、交換意見、互相關心的聯誼聚會功能。

2-3　社會團體開會是怎麼進行的？

社團開會，依照各團體不同文化的會議程序，一項一項的進行，如下筆者隸屬葫蘆墩國際同濟會的議程，提供參考。

國際同濟會台灣總會　台中區葫蘆墩國際同濟會
第二十三屆第八次理事監事聯席會議　議程

時間：110年4月15日（星期四）下午18:30

地點：台中市豐原區，圓明園餐廳

主席：林淑真　　司儀：江逸榛　　記錄：林華容

一、會議開始，報告出席人數

二、主席宣布開會（請主席鳴開會鐘）

三、朗讀國際同濟會信條及定義宣言（全體請起立）

四、確認本次會議議程

五、介紹來賓

六、主席致詞

七、常務監事致詞

八、來賓致詞

九、總會會務宣導（請參閱P10附件）

十、會務報告

　　1.報告上次會議執行狀況（請參閱P3附件）

　　2.會務報告

　　　秘書長報告（請參閱P3～4附件）

　　　財務長報告（請參閱P5～9附件）

　　　委員會報告（聯誼委員會報告／本月壽星）

十一、討論提案

案由一：3月份財務報表審查案。

提案人：張峻華　附署人：陳昭文

說明：請參閱P5～9，3月份財務報表

決議：

案由二：網路資訊研習營～中部場，招生討論案。

提案人：黃俊諺　附署人：林汶霖

說明：日期5月26日，地點：同濟總會台中總會館（詳如附件）

辦法：本會補助報名費一人300元，鼓勵參加

決議：

案由三：採購父親節／母親節禮物討論案。

提案人：張惟創　附署人：張熙舒

說明：依年度工作計畫執行，參考禮物樣品挑選之

辦法：由年度預算支出

決議：

十二、建議事項

十三、臨時動議

十四、會務講評

十五、主席結論

十六、唱同濟會歌

十七、散會（請主席鳴閉會鐘）

2-4 會議的工作人員

主席：是主持會議進行的靈魂人物，立場中立，指導大家意見交換，引導出席者提出構想，朝向具體建設性結論的方向發展，再歸納整理大家的提案內容，整理出全體出席者大多數能接受的決議。

秘書長：在會長的指導下，函送開會通知、準備會議當天的議程等等開會資料，找一兩位會員幫忙場地的布置，音響麥克風的安排、報到簽名處等等工作。

財務長：要把收支的發票、收據等等會計憑證及製作的財務報表，先呈給會長過目，了解財務狀況及指示，在會議中做財務報告。

會議紀錄：由會長指定秘書長或秘書，把會議的過程記錄下來，做成會議紀錄，呈會長「確認、簽名」之後，才能函送與會人員及政府機關。

計時：會議中可以協助主席控制時間，在預定的時間內結束交換意見，執行會議時間的管理，也可以由記錄或祕書長等人兼任。

2-5 出席會議前的準備

收到開會通知，瞭解會議內容有什麼事？審視自己對這次會議，是否有價值、有貢獻一己之力的機會？

首先瞭解你在會議中的角色，是出席人或列席人，就要進行相關資料的準備。

如果你是理事會中的理事，有想到好的提案，可以在開會通知限制的時間內，將提案送給祕書長或會長，請列入議程討論。

如果開會通知中，有舉辦家庭旅遊的討論案，就可以在會議前，想到哪個景點好玩，就記錄下來，等出席會議討論到家庭旅遊案的時候，可以跟大家分享，建議去那個景點很好玩，或你有認識那家遊覽車公司，他的車子新，租金一天多少錢、兩天多少錢，比較便宜……，都可以在會議中提出來，這就是屬於出席會議前的準備。

2-6 會議中的進退應對

首先要仔細閱讀會議通知的資料，掌握會議中每一個議程及提案的細項內容。收集資訊與判斷，瞭解誰會出席會議，他可能贊成意見！或反對意見！可能產生的衝突？

有可能這些提案，大家都會同意通過，也有可能那一個提案應該不容易通過，都要有先知預判的心裡準備，就可以知道那些話可以說，那些話不要說？先聽看看大家的發言，再加上你聰明的發言，才能在團體中快樂的參加各種會議。

2-7 具備邏輯性發言的三大要素

具有邏輯性的說話，要具備以下幾項特徵：簡單易懂、沒有矛盾之處、有條不紊、具有順序性、有具體的數據或事例、沒有重複或遺漏之處、對提案問題的結論理由很明確。

具備邏輯性發言的三大要素：

一、先說你的結論是贊成或反對。

二、引用其他出席人相同意見做支撐。

三、再表達你是依據什麼道理或計畫、理論、經驗等等，相關資料做爲佐證。

面對開會中的提案討論，出席人的發言，必須要有邏輯思考的能力。不然說話內容或方向，會令人難以釐清？或聽不懂重點是說什麼？

所以發言內容，首先要訓練有歸納的能力，再整理出說話的重點，才能讓出席人很清楚、很明白你的觀點，所以會歸納摘要重點，是發言能力最重要的表現。

如果發言無法有邏輯思考，或產生與他人溝通不良的狀況，就是不擅長將腦子裡的想法，用言語正確地傳達出去，也無須太擔心，可以透過練習而改善邏輯思考及表達能力。

建議可以參加，奧瑞岡式辯論的練習和比賽，經過幾場比賽的經驗累積下來，無形中發言就會具備有邏輯思考的能力。

2-8　發言要有說服力

請記住，缺乏說服力的意見，就是浪費大家的時間，沒有建設性的內容，只是交換意見而已，有說等於白說。

有建設性的發言，就要掌握問題核心，提供有效解決的策略，必須有道理、有理論或有佐證資料、也引用其他出席人相同意見拉來支持，歸納整理成具有邏輯性、有說服力的寶貴意見，才是對會議有貢獻的發言。

2-9　發言內容力求簡潔明瞭

發言要有遵守時間的觀念，如果發言內容沒有意義、東拉西扯、偏離主題又時間冗長、引人側目，是剝奪大家寶貴的時間，沒知識的表現。因此發言內容，力求簡潔明瞭，最好在 3 分鐘內發言完畢。

2-10　會說話的人，也要會聽話

出席會議大部分的時間是在聽，聽其他出席人發表意見的時間比較多。請記住，會開會的人、會說話的人，也要會聽話。

針對不同會議的種類，有兩件基本的修養，一是傾聽，二是筆記。傾聽記錄每一位的發言，作爲自己思考發言內容的參考。

2-11　具備說服力的聲音訓練

常常在會議中看到，有人發言的聲音太小，講不清楚，也許是怯場、也許是不習慣開會站起來說話、也許不習慣拿麥克風講話……。

有這種情形的人，會議前必須清清喉嚨，順便說幾句話，嗚、啊、哦……。日本，西松眞子著作「魅惑的技術」指出有說服力的聲音，是必須訓練的。

魅惑的技術，訓練有說服力的聲音，有四個步驟：

第一個步驟：集中意識在鼻子上，一隻手指壓在一邊的鼻子上，發出：「哦」的聲音。

第二個步驟：將手貼在喉嚨上，發出「嗡」的聲音。

第三個步驟：將手貼於胸前，感受講話發出「嗯」的共鳴聲。

第四個步驟：由鼻子吸氣，讓腹部丹田鼓起來，用手壓住腹部的丹田發出「哈」的長音，重複做 5 次。

至於，說話的速度，建議參考電視新聞主播，播報新聞的速度就可以，學習電視新聞主播說話，是最好的借鏡，根據專家表示人們對於每分鐘說 240～250 個字比較適宜，達到 280 個字聽者理解辨析就會有一定困難。試試說出具有個人魅力、有個人特色、有說服力的聲音吧！

2-12 提出精確度高的會議詢問

如果會議中對提案的說明有疑問？或對其他出席者發言的意見，產生疑問？要先認清楚自己想知道的內容是什麼？再進行提問。

每次發言提問，以一個問題爲佳，除非是簡單的釐清問題，最好不要一次問好幾個問題，詢問內容的精確度才高，回答的人可能沒辦法一下子記那麼多問題，避免聽不清楚想問什麼？請用簡潔條列式的內容陳述。

聽取回答解釋之後，明確知道問題所在，再來進行原因的分析，想出解決的方法，整理出優先順序，再提供有建設性解決的內容，獲得詢問內容記得要謝謝提供者。

2-13 掌握出席會議的時間

出席會議必須準時之前到場，嚴格遵守時間，如果遲到抵達會場，應有道歉之意，並向鄰座詢問目前的進度，即刻加入會議。

如果認爲遲到 5 分鐘沒關係，這是錯誤的觀念，因爲遲到 5 分鐘，大都是態度過於鬆散，才不能趕在會議前到場。

給會議主席建議，每人每次發言以 3 分鐘爲限，請會議紀錄用手機計時，2 分鐘時按鈴一聲或用筆敲玻璃杯或敲桌子一下，提醒發言人 3 分鐘到敲二下或舉手，向主席和發言人提醒。

會議主席不要每次有出席人發言，就做總結或發表主席個人的感想，要把時間做有效益的應用並多鼓勵出席人發言。

2-14 令人討厭的發言及態度

發言假裝很知道的樣子、自我陶醉的說話方式、令人沮喪的話題、無視出席人的存在、說別人的壞話、強迫性的說話、沒有自信的態度、嘲笑式否定性發言、否定性的言行舉止等等，都應該避免。

發言也不要給人家沒有自信的印象，要用明朗又洪亮的聲音發言，發言的時候也要看一下臺上臺下的出席人，是否顯得不耐煩？或有疑問的樣子，就要修正自己的發言內容。

2-15 失言就應該誠心誠意的道歉

在開會的場合，因為失言的一句話，而造成出席人不愉快的感受，就應該機靈的辨別是失言了。人非聖賢、知過必改，要稍微緩和現場的氣氛，如果又沒有找到適當解釋的話題，就應該誠心誠意的道歉。

不要變成過分的辯解，分寸的拿捏是很大的技巧，隨機應變是非常重要的能力，覺得很難挽回的時候，就誠心誠意的道歉，是成熟知識份子的基本風度，甚至在會議結束後，向前走去握手致意並再次道歉，不罵不相識，也是建立團體友誼的經營方式之一。

2-16 消除緊張、害羞的技巧

有人要上臺或要發言前，自己會覺得壓力很大，好像胸口有一塊大石頭壓著，沉甸甸的喘不過來氣，說話緊張，想上廁所，頭腦一片空白，不知道說什麼……，都是發言恐懼症。

國外使用腦波圖技術掃描研究發現，咀嚼口香糖可引起 α 腦波增強，可以減弱緊張焦慮的情緒，另外唾液皮質醇的研究也證實，咀嚼口香糖可以降低壓力感。所以很多職棒選手打球都一直在嚼口香糖，就是降低緊張專注打球，但開會嚼口香糖不適合也不推薦，除非發言前要吐掉。

發言前，請緩慢的深呼吸、重複的深呼吸，吞一下口水，然後對自己暗示，現在是處於放鬆的狀態。

美國哈佛大學，威爾（Andrew Weil）醫學博士，提供 478 呼吸法，被美國《時代》雜誌所報導。原理是有壓力和焦慮，使得人體處於緊繃的時候：首先將舌尖抵在上顎，嘴巴吐出所有的氣。再慢

慢用鼻子吸氣 4 秒後，摒住呼吸 7 秒，再用 8 秒緩緩從嘴巴吐出所有的氣。

這 3 個步驟爲一次循環，大概 1 分鐘做完，最少做 4 次循環，可以放鬆身體，調整壓力和焦慮造成急促短淺的呼吸，甚至是告別失眠好入睡的好方法！

發言前，再開心的笑一笑，當你笑的時候，大腦能夠釋放出消除緊張情緒的內啡肽，心率減慢，血壓降低，肌肉放鬆，讓人感到很輕鬆自然。

發言用平常習慣的方式說明，不要用一些不熟悉的詞彙，讓自己產生混亂，一旦發現內容離主題太遠了，要趕快修正發言內容，可以回到剛剛的話題……或總言而之……我的意思是……把話題拉回到主題上，避免腦子一片空白，不知道怎麼說下去。

2-17 發言如何講重點

發言如何講重點，白話解釋，就像樹木有樹幹、有樹枝、有樹葉的區別，說話要先說重點，就是要先講樹幹，才是發言的主要重點。

不要先講一堆樹葉，旁枝末節的話，讓人家聽不到重點，就是沒有建設性的發言。

發言說話，最好先講重點的樹幹，再延伸到樹枝的架構說明，依發言可用的時間，再形容開枝散葉，整個計畫內容的完整性，和計畫執行後的影響力，這樣聽的人就很清楚明瞭，發言的重點，才容易支持發言的意見。

2-18　會議提案單

依照開會通知單的說明，如果有提案，就應該在開會前的期限內，填寫如下的提案單，必須找一位附署人（也稱連署人），再交給會長、理事長或秘書長，簽收完成提案手續。

<table>
<tr><td colspan="4">XXX 會議　提案單</td></tr>
<tr><td>案　由</td><td colspan="3"></td></tr>
<tr><td>提案人</td><td></td><td>附署人</td><td></td></tr>
<tr><td>說　明</td><td colspan="3"></td></tr>
<tr><td>辦　法</td><td colspan="3"></td></tr>
<tr><td>備　註</td><td colspan="3"></td></tr>
<tr><td>收案人</td><td colspan="3">年　　月　　日</td></tr>
</table>

2-19　個人發言品質檢測表

出席會議發表意見，是基本的溝通，到底發言的品質好不好？會後可以自己反省一下，會前也可以參考下列的發言品質檢測表，提醒自己要有高品質的發言。

【發言品質的檢測表】

□ 1.發言的音量，大家能夠聽清楚嗎？
□ 2.講話的速度可以嗎？
□ 3.有用適當的語言來表達嗎？
□ 4.有做出適當的手勢動作嗎？
□ 5.表情是否自然有笑容？
□ 6.穿的衣服、鞋子，是否適合參加開會？
□ 7.站立或坐著發言的姿勢，風度儀態可以嗎？
□ 8.是否在 3 分鐘以內，把意見完整的表達清楚？
□ 9.發言時，臺下沒有想睡覺或感到不耐煩的人？
□10.對於主席或其他出席人的詢問，是否有給予合適的回答？

以上 10 項，可以檢測你發言的品質，有的項目□請打勾，每一題 10 分，至少要有 80 分才算及格，期待看過本書的人，都能自我「校正回歸」高品質的發言。

第三章　會議禮儀

會議禮儀是參加會議或召集會議、爲會議服務，參與會議人員都必須遵守的基本守則和規矩。具體而言，會議在進行前、進行中與結束後，各有不同的禮儀要求。負責安排會議的工作人員，在工作中必須一絲不苟地遵守常規，講究禮儀，細緻嚴謹，共同完成一場有品質、有水準的會議。

3-1　接待引導的禮儀

會議前應安排專人負責在會場外，負責歡迎貴賓、出席人，引導進入會場，是一場安排周全會議最前線服務的禮儀。

「前尊後卑、右大左小」是國際禮儀原則，兩人並行，右邊爲大。如果引導長官、貴賓、女士，同行進入會場，應走在他的左後方。如果三個人一起走，中間的職務比較大、其次右邊、左邊較小，承辦單位一般就主動靠左邊走，以示尊敬來賓。

3-2　交換名片的禮儀

剛見面或在會場走動，名片拿在手上，記得不要放在腰部以下，必須拿起來。交換名片時應該雙手遞上名片給對方。接受對方

的名片，也要用雙手接，是一種尊重對方的禮儀。

常見的情形是一手拿著自己的名片，用另一單手將自己的名片遞給對方，再用單一手接對方的名片的場景。

正確是應該先將自己多餘的名片放進口袋，而用雙手把自己的名片拿給對方，眼睛看著對方說：我是 XXX，敬請多多指教！

拿到對方的名片，要先看並馬上唸出對方的名字，表示幸會之意，不要沒有看就收起來放入口袋或放在桌上，就失禮了。

3-3 介紹的禮儀

在自我介紹時，先介紹自己的姓名，我是 XXX，敬請多多指教或很榮幸認識您，接著介紹我在 XX 團體是什麼職務，最後介紹自己的工作或從那裡來等等，開場的話，再一一介紹同行友人。最後也不用彎腰 90 度的鞠躬，只要點頭、表達很榮幸認識對方就可以了。

3-4 握手的禮儀

握手的時候，要堅定有力的握住對方的手，眼神要看著對方才有誠意。如果對方是女性就不要太用力，因戴戒子太用力會有痛感，且女性沒有伸出手表示要握手，男性不可先伸出手表示要握手，紳士必須尊重女性。

握手的時候，初見面不可以用手指摳對方的手心。摳手心是幫派的一種暗號，也是表達意圖對方的暗示，參加社團就正派規矩的握手爲宜。初見面的握手，也不要用雙手包覆對方的手，除非老友好久不見；也不要太激動上下的搖動雙手。

3-5　進入電梯的禮儀

進入電梯時，接待人員應該按著電梯開門的按鍵，請貴賓、客人、會友等等進入電梯，接待人員最後才進入電梯。

出電梯時，接待人員在電梯內，按著開門的按鍵，請貴賓、客人、會友等等走出電梯，接待人員最後才走出電梯。

3-6　進入會場的禮儀

如果你是團體進入會場，最好排成一排，走在第一位的應該是職務最高的領隊，可能是會長，其次依職務大小排隊進入會場。

筆者回憶擔任，豐原國際青商會的會長期間，去列席友會的會議，不要只有會長一個人去，請祕書長邀請會友，至少一車或兩部車，4至8人同行，進入會場時，請會長走在前面，可以突顯這個團隊的氣勢。

會長帶會友，去列席友會的會議，效益有四：

一、可增加會長進場及列席的氣勢，有時候列席的比出席的理事還多人，但最好事先有聯絡且歡迎，才會受到歡迎。

二、可見賢思齊，讓會友瞭解其他友會的情況，是很好的機會教育。

三、可凝聚會友的感情，感謝會長帶他出去見識場面、擴展人際關係，會更珍惜參加本會的感情。

四、可促進會友也想日後當神氣的會長，而對會務更加熱心投入，積極培養會長人選，才不會找不到候任會長人選。

3-7 找座位的禮儀

進入會議場地時，先詢問工作人員，自己該坐那裡？如果沒有特別安排，那可以再詢問主席的座位在那裡，避免坐錯位子，讓人留下不懂禮貌的印象。

如果是長型的會議桌，會議主席通常會坐在離門口最遠的桌子末端。另外一種情形就是左右兩排，最中間的位子，或有特殊的椅子、高椅子、大椅子的位子，都應該避免，因爲很可能是安排給主席的位子。

如果是圓形桌子，主席的位置大都是面向門口中間的主位，最好選坐在圓桌兩旁。也不要選坐在靠近門口那個位置，那可能是留給秘書長或會務人員的座位，方便辦理報到簽名。

中間主位的左右兩旁，也要謙虛的保留，讓主席邀請才坐。常見膽大的人或不懂禮儀的人，就主動選坐中間主位的兩旁，想親近主席或主人，這是失禮的行爲，不可取。

如果已經有桌牌，排定座位的會議，最好讓接待人員引導到座位處，或找到自己的位置就坐下來。

在其他人還沒到場之前，你的旁邊想給比較熟識的人坐，是可以換一下桌牌，如果大家已經坐定位，就不宜再更動。

3-8 倒茶水的禮儀

會議中奉茶時拿著茶壺，最好再帶一條抹布，準備萬一桌面弄濕了可以擦乾，而倒茶水只要 7、8 分滿就好。

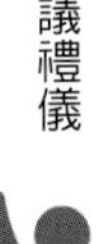

3-9　會議中的禮儀

參加者應衣著整潔、得體大方、準時到場、進退有序。進入會場手機記得關靜音。會議期間應認眞聽講，不可私下找人竊竊私語或交頭接耳干擾會場的秩序，變成破壞會議的人。

會議中有發言人發言結束時，記得給予掌聲致意。不要隨意在會場走動，若是中途要先離場，應小聲安靜的離開，不影響他人。

3-10　發言的禮儀

會議發言有正式發言及輕鬆的自由發言兩種，發言前男生應整理衣服、調正領帶、扣上西裝扣子。

女生撥一下頭髮和衣服。上臺步態自然有力，大大方方、胸有成足和自信的氣場，發言應口齒清晰、簡明扼要、符合邏輯的說明內容。

如果是看講稿子發言，偶而要常常抬頭掃視一下會場，不要一直低頭讀稿。發言要注意順序秩序，不要搶著發言，若跟他人意見不同，態度要和平，輕鬆的以理服人，即使對方批評是錯誤的也不應失態，對批評指教應認眞聽取，再機智有禮貌地說明解釋，並聽從主席的指揮和裁決。

3-11　攝影的禮儀

會議期間如果有安排攝影人員，最好詢問對方或向對方示意一下要拍照，對方微笑點頭、擺姿勢的才拍，避免不雅姿勢入鏡，又避免侵犯所謂的肖像權（容貌長相）的權利，未經同意擅自製作別人的肖像圖、擅自公開別人的肖像，原則上就侵害了他人肖像權。

但並不是任何情況下拍照、作圖都構成肖像權的侵害，法院會考量是不是公眾人物、製作肖像是否公益性質、肖像使用場合與目的，來決定是否侵害肖像權。

社會團體開會，大多是公益案件，使用的目的正當，應該不會變成侵害肖像權，但不可以拍出席人的醜態又公開分享，尤其轉發給新聞媒體，就會引起侵害肖像權的糾紛。依民法第 195 條規定，人格權受重大侵害時可以請求精神損害賠償。

3-12 頒獎人與受獎人雙方站立的位置

頒獎人與受獎人雙方站立的位置，係以雙方的關係來作判斷。如果頒給貴賓、演講者……，不是自己單位，沒有上下級關係的人士，就依國際禮儀的慣例，以右爲尊，因「來者是客」，雙方是「主人和客人」的關係，在外交禮賓理論上，「以客爲尊」、「以右爲尊」，因此安排頒獎人到臺上，受獎貴賓站在頒獎人的右邊。

如果雙方是「長官和部屬」、「上級和下級」的關係，有兩種不同的站立位置：

一、頒獎人的位階高於受獎人，受獎的部屬要主動站在頒獎人的左邊，因受獎人的右邊爲尊。例如：總統頒獎、長官頒給部屬。

二、頒獎人的位階低於受獎人，因此頒獎人要站在受獎長官的左邊，因頒獎人的右邊爲尊。例如：總統就職典禮，中選會主委致送總統，總統當選證書，及立法院院長依《印信條例》授與總統，中華民國國璽，代表國家權力象徵及政

權的傳承。總統是受獎人，站在頒獎人的右邊，以右爲尊。

筆者當頒獎人，不論受獎人身分，習慣以右爲尊。曾經頒贈感謝狀給外聘講師，要拍照留念，臺下多人一直明示要我與講師互換位置，我懂禮儀怎麼可以把重金禮聘的講師，當部屬或下級呢？當然受獎的外聘講師站在我的右邊，以右爲尊，若內聘講師可依職務或輩份而定。

上述見解是國際禮儀慣例的知識，既無法律規定，也沒有相關罰則。

3-13　別忘了稱讚感謝工作人員

會議的成敗，有時甚至是掌握在工作人員。如果工作人員在會場到處晃來晃去、無所事事，也不跟他人打招呼，甚至一問三不知的工作人員，就足以破壞會場和主辦單位的形象。

相反的，工作人員積極準備開會前的大小事務、充分掌握會場狀況、態度親切有禮，出席人的感受想必會覺得安心、開心，而且對會議產生期待及圓滿的感受，就要回饋感謝工作人員。

3-14　送客的禮儀

接待人員用手指引貴賓、客人走出會場的方向，拉開大門站在門邊，等客人走出，再輕關大門，不可以客人一出門就馬上關門，或出現很大力關門的聲音。

如果貴賓、客人，搭電梯離去，要幫助按下樓的按鍵，站在電梯門口，點頭、微笑、說再見。

送客在門口或在電梯門口，要等到視線完全離開後，才可以轉身返回，這是送客的基本禮儀。希望大家都留下彬彬有禮的好印象！

第四章　理事長主持會議的技巧

爲什麼要開會？怎麼開好會？如何主持有效益的會議，是理事長（會長、社長）應事先探討會議管理與效率的議題。

召集會議之前一定要先想清楚，希望這場會議結束之後，獲得什麼樣的結果？

用什麼方法？找解決方案？如何提高溝通效率，縮短溝通時間，儘快決議，是最直接有效的技巧。

會議實務有五要：規要循、會要議、議要決、決要行、行要果。會議最忌以下幾件事：

第一，會而不議，大家已經聚在一起開會了，卻沒有討論出決議要做什麼？

第二，議而不決，已經討論議題，卻沒有做出決定要不要做？

第三，決而不行，已經決議決定了，卻沒有行動去執行。

知名的激勵專家《言語無價》的作者艾蓮・麥達（Eileen Mc Dargh）指出，一場成功的會議，有助於將新手主管快速拉高到領導人的層次。

理事長（或會長、社長）從召集會議起，自己就要沙盤推演，研擬計畫，務求周全才能發揮領導力，帶領會員「愈開愈會」，而不是「愈開愈不會」。

4-1 落實提案人必須寫好，提案及說明和辦法

常常出席人抵達開會的會場，才看到有一個新的提案，沒有說明，沒有辦法，大家開會才開始想解決方案，因臨時手上的資料不足，再加上開會時間有限，那種倉促的決議，可能不太理想。

理事長要落實請提案人將提案的案由、說明和辦法都寫好，送給理事長並經過雙方溝通後才納入提案，因為提案的說明和辦法，已經有架構、有方向、有預算，出席人比較好討論，理事長才比較清楚如何主持該案的進行。

4-2 在理事會前，先舉辦會前會

筆者在 80 年代，擔任豐原青商會長時，在每月 10 日理事會、20 日月例會之前，規畫一個活動稱為：「888 洗心談」，每個月 8 日、18 日、28 日晚上，安排會友到前會長的家裡聊天，前會長會將他當年的豐功偉績，怎麼做、怎麼規畫、造成多麼轟動的心得，分享給大家，加上老會員顯露當年曾經參與的驕傲，大家與有榮焉！就是最好的新會員講習。

「888 洗心談」成為凝聚會員感情最好的聚會，前半段大家聊天、聯誼、心得分享之後，會長就要適時說出，這次理事會有一個比較特別的提案是什麼？

請提案人說明，經過大家熱烈的討論結果，如何修正辦法等等，待正式召開理事會討論時，該案就可以更周全、更圓滿的順利獲得通過。

多年後擔任「葫蘆墩同濟會」第 2 屆會長，因為剛剛創會，人丁單薄，還是繼續舉辦「888 洗心談」，但只有創會長，沒有前會

長，就分別安排到各理事、監事的家辦理「888 洗心談」，剛開始大家泡茶、吃水果，聊天，到第三個月的理事增加安排點心、宵夜，最後變成理事、監事互相拼桌競賽，有兩、三桌，三、四桌的盛況。筆者借勢拜託當晚輪值作東的理事，順便邀請一兩位親友來參加，認識同濟會，可以邀請加入促進會員成長，又達到凝聚會友的感情。

爲了強化溝通，筆者另外在召開理事會前，提早晚上 6 點先安排用簡餐，順便有會前會，先討論、先溝通，形成理事會提案的共識，可以讓會議更順利的進行。

4-3 提案分類，把比較容易通過的提案排在前面

依據溝通時間需要比較久的提案，排在後面。而將簡單的提案，能快速先通過的提案排在前面。會議主席再把握會議剩餘的時間，大家再好好的討論、研究、溝通，比較難的提案。

4-4 布置或創造輕鬆氣氛的會議場所

善用人性的特點，創造容易激發靈感的會議空間。如果會議前，主席知道這次會議將是很艱苦的過程，可以準備：咖啡、餅乾、糖果、飲料或水果，可以提神又緩和氣氛，容易激發靈感的元素。筆者曾準備「蠻牛」飲料，因爲「蠻牛」可以引起趣談，是打破沈默的契機，知道今天的會議有得拼了。

會議主席可以說一些有趣的事，在輕鬆活潑下引出有創意的好決議。

4-5 會議前柔軟身體、疏鬆筋骨

在會議開始之前，主席自己帶活動或安排專人帶活動，請大家站起來，轉轉頭，甩甩手，轉動肩胛骨，起立、蹲下，轉動腰身，大家做幾個柔軟的體操，疏鬆筋骨，藉由動作引起呼氣和吸氣的改變，可以柔軟身體，創造輕鬆的心情，以迎接動腦會議的來臨。

筆者有一招是，雙手放到身體的後面，右手拉著左手，身體向前傾斜，接下來雙手向上提起來，會聽到很多人喊痛、舉不高，大家做起來好像很辛苦，肩膀和手會酸痛，但是笑聲此起彼落，可以連帶橫膈膜、肩胛骨，一起震動起來，即使想睡的人，也會睡意全消，精神抖擻。

利用有效的刺激，促使大家精神活絡起來，也可以活化腦部，微妙的笑話，讓大家綻放輕鬆的笑容，引發靈感來源，可以活化腦部促進出席人想出好主意、好點子的決議。

4-6 設定會議結束的時間

避免冗長會議的缺點，要在會議前就設定會議開始的時間、會議結束的時間，並徹底的執行。

大家常犯的毛病是發言偏離主題，有人在討論過程中，很容易天南地北提出一些風馬牛不相關的事，任由時間在不知不覺中流逝，會議主席要機靈的適時制止。

一個人能夠集中注意力的時間大約是 30 分鐘。建議會議以 45 分鐘爲一節，最好一小時結束。如果需要兩個小時結束，中間要休息 10 分鐘，這樣才可以大大的提高會議的效率。

主席要讓出席人有遵守時間的意識，會議進行一半的時候、或進行到四分之三的時候，主席提示一下，請大家把握，距離會議結束還剩下多少的時間，在設定會議結束的時間散會。

4-7 會長和會員對賭，也能提高會議的效益

筆者擔任豐原青商會長時，訂立「理事會兩小時內結束」的約定。讓與會人員早點回家，希望給家人對青商會好印象。

會長和會員對賭「理事會兩小時內結束」，會長是理事會的主席，必須晚上 7 點準時開會，晚上 9 點理事會結束。罰則是會長如果開會遲到，每 20 分鐘算一節，罰會長要捐出 7 點時在場的每一位出席人、列席人一節，各 50 元。

會議要在 9 點結束，若延遲每 20 分鐘算一節，要罰會長捐出當時在場每一位出席人、列席人，各 50 元。

例如：若會長遲到 3 分鐘，不足 20 分鐘算一節，會議晚上 7 點開始，當時會場出席人、列席人共 20 人 x 50 元，要罰會長捐出 1000 元基金。

如果會議在 9 點 10 分結束，超過 9 點，算 20 分鐘內一節，當時會場出席人、列席人共 30 人 x 50 元，要罰會長捐出 1500 元基金。

理事要準時出席開會，不可以遲到或早退的約定。如果理事遲到或早退，每 20 分鐘算一節也要罰 50 元。

例如：某一位理事遲到 3 分鐘，罰 50 元。另一位理事有事提早離開 30 分鐘，算兩節罰 100 元。

主席爲了不被罰錢，使會議順利進行並能夠準時結束，就是拜託秘書長、財務長，不坐在前排主桌，坐在左右兩排長桌的前面。

萬一遇有某人爭議已久或想藉故杯葛議事拖延時間，主席的眼神就會暗示秘書長或財務長，前往該員身旁勸說，如果勸不動，就勾搭他肩膀，請到會場外談，避免影響會議的進行，還好大家都很理性開會並不需要這樣。

一年結束，主席順利掌控會議進行的時間，才能全年沒被罰錢，而理事們一年下來，遲到早退罰了一仟多元的基金，這樣開會有點緊張，但效率非常的高。

4-8 會議主席要引導發言的方向

出席人已經說很清楚的事情，會議主席不要又再重複說一次，是在浪費會議的時間。

會議主席，主持會議的運作，其實就是在混亂 chaos 與秩序 order 間穿梭往返的技巧，要能夠有活化會議、引導發言、掌控會議的能力。

會議主席要引導發言的方向，並順水推舟的讓會議激發出更好的點子，進行有深度、有價值的討論，才能誘導出有理想結論的決議。

4-9 男女一起開會，氣氛好效果好

會議中女性的地位，不知道爲什麼總是比較優勢、比較獲得禮遇。男女一起開會的場合下，異性相吸是重要的靈感來源，筆者觀察過 70 歲以上的出席人同樣適用，性別刺激是有助於會議，無關年齡。

會議中女性容易抒發情感和想法，而男性也會受到女性的影響，比較可以顯現紳士風度，可以牽引共同關心的議題，會不斷的激發出靈感的浮現，會有一些連自己料想不到的新點子，興奮的腎上腺激素，幫助大家熱絡起來，促進會議的向心力，進而使大家的思想交流出有創意的決議。

4-10 內隱知識與經驗知識的結合

解釋名詞：「內隱知識」、「經驗知識」是日本出版「創新求勝，智價企業論」書中提到，日本企業之所以會很強盛的理論，要將自己的「內隱知識」結合別人分享的「經驗知識」，也稱爲「外顯知識」的交流是主要原因。

「內隱知識」是自己親身體驗的經驗累積、師徒傳承的或觀點及價值，形成個人的知識，或許是可以意會，無法言傳的知識。

例如，開會是要討論「如何舉辦一場大型的公益活動」，而我們理事、監事沒有舉辦大型公益活動的內隱知識，如何去摸索？去策畫？要成功是有困難度的。

如果會議中安排，曾經有舉辦過類似大型公益活動的會友或專家、顧問，前來分享他籌備、規畫、執行與結束後檢討要改進的內容，就是經驗知識。

有前車之鑑的參考，我們就可以在他人的基礎上，規畫出更進化、更沒有缺點的大型公益活動。能夠把別人的腦力和經驗借來使用，是一種聰明的開會技巧。

4-11　開放列席人員也能發言

會議不要變成徒具形式的會議，也許參加開會的出席人，沒有想到什麼寶貴的意見。

但是列席人有想到很好的創意或構想，主席可以開放列席人員也能發言，針對議題表達意見，而不是純粹來寒暄問好，如果能提供卓越的見解，就對會議的決議有所幫助。

4-12　會議中主席適時提問的技巧

會議主席要知道，出席人是否完全理解討論提案的內容，是一件困難的事情，主席感覺到出席人充滿疑惑、不明白的時候，不要讓出席人抱著不理解的情況下繼續聽下去，主席可以在一個段落後，提出詢問大家是否了解？

或請熟悉該案的人，再進一步說明清楚，讓參與的出席人釐清疑問，瞭解後再繼續參與該提案的討論，討論才會更加強烈有效，才有助於開會的效益。

4-13 會議中腦力激盪，怎麼玩

會議中，主席詢問大家有沒有什麼意見？但是現場一片沈默，氣氛始終沒有熱絡起來，應該不少主席有這樣的經驗吧！

這個時候，建議改變方式，可以玩腦力激盪 Brainstorming 的遊戲，針對提案的問題，請每個人都提出意見或創意，就會帶動互相討論、互相交換意見活絡氣氛，會場就會有一位又一位不斷的提出意見和想法，從自己的想法和別人的想法，再衍生出新的想法，把這些想法，全部寫在一張大紙上面或寫在白板上面。

會場的氣氛會變得比較輕鬆，超越上司下屬的關係，大家好像在聊天，營造出隨心所欲，說想說的事情，毫不保留的說出來，構想就會一個接一個的湧現，都不是會議前先安排的意見，是現場大家腦力激盪出來的意見，是大家針對議題所感受到的答案，大家共同分享這些知識跟資料，結論就會更寬廣，更可以孕育出不平凡、有創意的決議。

4-14 妨礙會議的行為，如何處理

A.對其他出席人在發表意見時，一直搖頭表現出不滿意的態度。

■主席就問他，有什麼更好的意見嗎？

B.插嘴干預其他出席人發表意見

■主席應該馬上制止，請尊重他人發言的權利，必須等發言結束，他才可以舉手請求發言，經主席同意再表達意見。

C.對其他出席人的發言，毫不留情的進行攻擊。

■主席應該馬上制止，或在會議前就提醒，對事不對人，不可以人身攻擊，禁止批判性的攻擊言論。

D.私下竊竊私語的人。

■主席可以詢問他，是否對會議的進行有意見？

E.私下滑手機，做自己的事情，不關心會議的進行。

■主席可以詢問他，對本案的意見！

F.重複相同的話題。

■主席告訴他，相同的內容不必重複再說，或已經討論結束有決議了，不再討論這個話題了。

G.習慣遲到的人。

■不必等，只要出席人已達到開會人數，就準時開會，等會議結束後再詢問怎麼遲到的原因？表示主席有關心遲到的事情，下次就會改善。

4-15 會議進行停滯，怎麼辦

會議進行中會停滯的原因，一種是會長或秘書長等幕僚的準備不足，另外是出席人也沒有了解議案，大家太倉促來參加，來不及準備相關資料造成的。

另一種情形是，可以請提案的相關人進一步說明，以他發表的意見作爲基礎，請大家再表示意見，以活絡會議的進行。

還有就是宣布休息，會長請秘書長、幕僚等人員，趕快補充資料或補充說明，讓出席人喝喝茶、上洗手間，轉換心情，整理思緒，再重新討論。

4-16 遇到發言喋喋不休的人，怎麼辦

主席選擇在出席人喋喋不休的段落處，插話說：原來如此？或者原來就是這樣，對不對？打斷他的發言，或暫停他的發言。

議案是依說明、辦法，大家討論再表決處理的過程，所以每個人發言時間，要有限制，如果議案很多，爲了效率一次發言 5 分鍾是有點久，爲了會議的效益最好是一次以 3 分鐘爲限。

4-17 遇到沉默不語，怎麼辦

有些新進的會員，因爲有前輩在場的關係，或有所顧慮而不敢發言。有些出席人參加會議，非常認真的聽講，但始終就是不發言。

主席面對這樣的人，可以從他專業領域背景的問題，來提問他，引導他發言，再進一步提出意見並誇獎他的發言，提高他參與會議的興趣，相對也是提高會議的效果。

另一方面，作爲前輩們也必須努力消除和新進會員之間的隔閡，讓新進會員可以自由自在的陳述意見，使大家融爲一體是前輩們經營社團必須要有的雅量。

4-18 發生激烈的爭辯，怎麼辦

開會時總有不同立場的人，有意見對立是無法避免的。主持會議的主席，強調對事不對人，純粹針對事情的可行性討論？不要針對人討論，並要嚴守中立的立場。

爲了避免發展成爲情緒性的對立，必須要注意聆聽發言的內容，如果聽到會引起對立情緒的發言，就要強勢介入制止。

安排休息時間，冷卻情緒，找比較冷靜的出席人表示意見，請還沒有發表意見的人發言，再繼續進行討論。

因爲意見被採納的人，當然百分之百的滿意，未被採納意見的人，就會有無法認同的情緒，會議主席要歸納，找出大約可以滿足大家的折衷點，拉近大家意見的差異。

對執行有困難的可行性評估？可以轉個方向，換位思考來討論，比較容易找到雙方的折衷點，才能化解雙方激烈的爭辯。

4-19 討論偏離主題，怎麼拉回來

會議討論中，有些發言常常被偏離主題，有時候想法是隨著發言內容而改變，讓討論的方向偏移了，尤其發生激烈的討論之後，會離開主題越來越遠。

這個時候，會議主席要歸納整理比較接近主題的意見，捨棄一些偏離主題的意見，拉回來討論的主題，請大家先確定延續幾個比較接近主題的意見，回到主題上，再繼續討論。

4-20 怎麼誘發反對意見

會議的進行，如果沒有反對意見加入，是很祥和的會議，充滿共識的會議。如果主席不想讓這個案子通過，要怎麼誘發反對意見呢？

主席不可以直接說，希望能夠有站在反對立場的意見提出來？比較含蓄的說法是，如果就這樣執行，過程中會不會有什麼沒有考慮到的問題呢？請大家再想想。

或請大家考慮我們的預算有限，如果執行太大的計畫，恐怕財源有困難？

另外一種，直接將出席人分成兩部分，一部分贊成、一部分反對，雙方來針對贊成和反對的意見，集思廣益充分的討論。

以上都是深思熟慮的技巧，可以發覺提案人遺漏的關鍵、來激發反對的發言內容，有贊成和反對意見進行熱烈的討論後再表決。

4-21 如何安撫少數意見

社團開會的裁決，是以大多數出席人同意的意見做爲決議，但是也有少數人的意見要被尊重，怎麼尊重呢？

主席必須加強肯定的語氣，尊重少數意見的寶貴，是未來執行計畫時，提醒要小心謹慎、注意少數寶貴意見的問題，謝謝少數的寶貴意見提醒，讓未來的計畫進行可以更周全，我們大家一起來完成，面對少數意見者說，你也要幫忙哦！

4-22　議案討論如何結論，進行表決

會議討論最好是全體意見一致，大家都無異議的通過。不過也不要拘泥於要求全體意見一致，只要會議主席能夠集結出席人的意見，將討論導向可以獲得很好結論的方向前進，多數出席人有相同意見，看已成共識，就可以準備進行表決。

主席就說，各位的意見差不多已經都發表完了，那麼現在主席就進行結論，主席綜合各方發表完的意見，整理出結論，就進行表決。

如何歸納整合結論，可以參考 3W2H：何時（when）、爲何（why）、何地（where）、多少（how much）、如何（how），進行清楚簡潔的歸納整合，再進行表決，如果多數出席人的支持就是通過，相反就是否決，沒有通過。

歸納整合結論的時候，主席不可以強行加入自己的意見，主席的功能是在於促使出席人的意見，能夠漸趨一致，進而得到完美的結論。會長擔任主席對於未來要執行計畫決議的結論，有責任將計畫付諸實現，這是會長主席透過會議實現政見或理想的工作。

4-23　善用無異議認可

會議規範第 60 條規定，「無異議認可」的事項有：

（一）宣讀會議程序。（有的團體使用：確認本次會議議程）

（二）宣讀前次會議紀錄。（有的團體使用：通過上次會議紀錄）

（三）依照預定時間，宣布散會或休息。

（四）例行之報告。

進行到上述各項議程，由主席徵詢全體出席人，有沒有異議，如果沒有人異議，主席正確的說法是「認可」、「無異議認可」，如有人異議，就要提付討論再表決。「認可」是確認的意思，另外用表決才做決定的則是：「通過」。

確認本次會議議程，主席詢問大家，針對今天的議程，有沒有增修刪減，有沒有異議？約略停 5 秒鍾，沒有人反應，主席就宣布：「無異議認可」，請接下一個議程。不要在這裡浪費太多時間，以節省會議時間。

確認上次會議紀錄，因眼睛閱讀文字的速度，通常比嘴巴唸來的快，如果資料多就請大家參閱，附件的上次會議紀錄，書面資料就是要給大家看的，就不必再一一都唸，或摘要的報告那幾個案，或已經執行完畢那幾案，尚未執行的原因是什麼？

司儀在唸的過程中，出席人自己看附件，上次會議紀錄資料，如果有發現錯誤，就應該提出「更正」，是「更正」上次會議紀錄資料……，不是修改上次會議紀錄資料……或修正動議，在確認上次會議紀錄是用「更正」。

最後主席再確認一次，確認上次會議紀錄：「認可」、「無異議認可」或「更正後認可」。

4-24　兩面俱呈的表決

依照會議規範第 57 條規定，表決時應該就贊成與反對兩面俱呈，並由主席宣布其結果。表決進行時，主席說：「贊成者請舉手」，此時如有過半數出席人舉手，主席切忌馬上宣布「通過」，應該接著說：「反對者請舉手」，然後計算雙方人數。

主要目的是，計算贊成與反對雙方的票數，是「多數決」計算的依據；其次是讓反對者的聲音也能夠出現，體現民主精神；再者也是培養出席人勇於表示意見，減少沈默者的機會。

進行表決：贊成和反對的時候，例如：舉辦日月潭家庭旅遊案，主席問贊成的請舉手，甲出席人是舉手贊成，但甲出席人馬上後悔，主席問反對的請舉手，甲出席人又舉手。甲出席人贊成時舉手，反對時又舉手，等於廢票。

所以，主席在表決前，要宣布每位出席人一個人只有一票，就可以避免發生這樣的情形。

4-25 鼓掌通過是不合法且無效的

會議規範開會做成決議，正確的種類有 7 種選項：通過（或修正後通過）、否決（打消、不通過的意思）、擱置、延期、付委、收回、無期延期。

會議依會議規範沒有「鼓掌通過」這個名詞，有些社團便宜行事使用鼓掌通過，也不知是否有過半數鼓掌贊成通過，是不合法、不嚴謹的操作，應該要改變、要修正。

國父孫中山先生，在「民權初步」書中表示：我國集會向有厲禁，故人民無會議之經驗與習慣。近年西化東漸，吾人始有集會之舉，然行之不久，習未成風，訛誤多所不免，則如以拍掌為表決，是其一端也。拍掌為讚揚稱道之謂，中西習尚皆同也；乃吾國集會，多用之以表決，此則西俗所無也。夫既用之為讚揚，而又用之以表決，則每易混亂耳目，使會眾無所適從，故稍有經驗之會議，洵不宜用拍掌以表決之。

鼓掌，是鼓勵、慶祝等正面情緒的拍擊行爲。國父說鼓掌是讚揚的意思，不是用來作爲表決方法。

所以，主席不可以說：請鼓掌通過。但出席人可以因爲議案獲得通過，開心鼓掌慶祝，但不是用鼓掌當作表決通過。

中華民國商務仲裁協會，民國 83 年間舉行選舉事宜，主席採用鼓掌表決，被上訴人委託李念祖律師，提出決議方法之異議，經最高法院 83 年台上字第二五二O號民事判決該決議無效。所以，有鼓掌通過，決議無效的判例，成爲往後議事的參考。

如果會議採用羅伯特議事規則，採用聲決，贊成的請鼓掌、反對的請鼓掌，利用兩次鼓掌的聲音大小，決定通過或否決，是鼓掌唯一可行的依據。

4-26 提案討論表決的技巧

主席對內容不具爭議性之提案，得徵詢出席人意見，如無異議即爲通過，如有異議則提付表決，但會議規範沒有「無異議通過」這個名詞。

「無異議通過」是源於會議規範第 56 條的「無異議認可」，原本的規定僅限於，宣讀會議程序、宣讀前次會議紀錄等四種情事，但是內政部的會議規範，法律位階並非行政命令，只要出席人沒有反對或同意，用「無異議通過」是可以成爲貴會在會務處理議事上約定俗成的共識習慣或原則。

爲了符合會議規範，可以把「無異議通過」拆開，會議主席可以宣布：本案大家無異議、「通過」。無異議、通過，效力與表決通過相同，也是一種提高議事效率的方法。

開會場合很多使用臺語，「無異議」很繞口、一般不熟悉會議規範的會眾，不容易聽懂，尤其是社區、基層團體的會議，很多德高望重的老前輩，不容易聽清楚，主席用臺語說「無異議」是問什麼？

「無異議」臺語、閩南話、客家話、原主民話……，就是沒有反對的意思。推廣議事學不能一成不變、雞毛當令箭，可以因地制宜的應用，所以主席用臺語問：有反對意見嗎？沒有反對就是無異議：「通過」。

就像會議規範第 60 條規定……宣讀會議程序。但很多團體使用：確認本次會議議程，一樣是不違背會議規範意識的應用。

在出席人頭腦清楚狀況下，大家共識的決議，主管機關也不會反對。民主開會就是溝通，溝通就須要有包容與妥協的氣度來解決問題，會議規範才能客語、臺語、原住民語，都適用。才符合會議規範第一條會議之定義，三人以上，循一定之規則，研究事理，達成決議，解決問題，以收群策群力之效者，謂之會議，並沒有語言的限制。

A.如果討論的過程中，呈現有贊成的，也有反對的，主席就要進行表決，算贊成的幾票、反對的幾票？來決定該案是否決或通過。

B.如果討論的過程中，感覺該案大部分都贊成，不想進行表決浪費時間，會議主席就詢問：有反對的嗎？稍等一下約 5 秒，如果都沒有聲音反應，表示沒有人反對，主席可以有技巧的說：本案沒有反對意見，無異議：通過。

如果在稍等一下 5 秒的時間內，有人提出反對意見，就要討論後再表決。但主席已經宣布：通過。再提出反對意見，就來不及了。

C.假設討論案由是：舉辦會員家庭旅遊。

會議主席技巧的詢問：有反對意見嗎？有其他意見嗎？

主席爲了要讓該案順利通過，留個伏筆，可以加問有其他意見嗎？

舉例：

甲出席人說：主席，還沒有繳交會費的人，不可以享受免費參加。

主席詢問甲出席人：你反對本案嗎？

甲出席人說：我不是反對舉辦會員家庭旅遊，只是參加辦法要註明，還沒有繳交會費的人，不可以享受免費參加。

主席說：你這個是其他意見？

甲出席人說：是其他意見，不是反對意見，不影響通過。

會議主席再詢問一次：有反對意見嗎？有異議的嗎？

如果大家都沒有異議、沒有聲音，主席可以宣布舉辦會員家庭旅遊：通過，還沒繳交會費者不可以享受免費參加。

會議紀錄上，還沒繳交會費者不可以享受免費參加，是議案通過，附帶的其他意見。

至於，尚未繳交會費的會員，參加要付多少費用？就由承辦總幹事和會長決定後，公告在報名表上。如此決議，也可以督促會員趕快繳交會費的作用。

4-27 什麼是可決

表決用語所謂「可決」就是通過「可以做決定」的簡稱。相反是：否決（打消），就是不通過的意思。

會議規範第 58 條的規定是：表決除本規範及各種會議另有規定外，以獲參加表決之多數爲可決，贊成和反對相同票數時，如主席不參與表決，是否決。

參加表決人數之計算，以贊成、反對兩種意見爲準。如果投票方式表決，空白、廢票及沒有意見，是不計算的。

按照會議規範的計算方式，所謂「多數」是以出席參加表決的人數爲計算基礎，沒有意見者不列入計算，因爲民主議事制度，沒有強迫出席人一定要表示贊成或反對的權利，每一出席人可以擁有「沈默以對」的民主自由。

這些沈默者可能是對議案不瞭解，或者根本沒有興趣，或者不便表態，如果硬性要將這些沈默者，列爲贊成或反對都是不合理，所以不要列入計算是正確作法。

再者，會議規範中對於罷免會員、處分團體財產或團體章程的修改表決，是重大議案的表決計算，規定是需要出席人三分之二以上之贊同。一般議案的決議則以出席人過半數或較多數的同意就可以了。

4-28 議事鐘、議事槌的使用

議事槌是拿來打架的嗎？當然不是囉！東方的議事槌起源於古時候官員在升堂之前，或者是犯人在喧鬧時，會用驚堂木（也叫做醒木）拍打桌面，達到威懾犯人或是讓臺下的人迅速安靜下來的效

果，另外，官員作出最後決定，審判結果也是拍打桌面，就是拍板定案。

18 世紀末，西方歐洲城市有大量的拍賣行成立，拍賣幾乎成爲每日例行活動，「槌」與「拍賣」商業買賣有「落槌定案」終止買賣的規則淵源，拍賣槌從此走入大眾生活文化之中。

羅伯特議事規則，第十五條：主持人有權在發言出現混亂的時候，要求會議恢復秩序，可以用木槌適當擊打並喊：注意秩序！

議事槌象徵執行者的權力，在羅伯特筆下，議事槌的內涵已經明顯超越商業而指向秩序，隨著羅伯特議事規則的普及，敲槌這個行爲越來越被公認是維護秩序及拍板定案的器物，所以議事槌擺到法官的審判臺上就是法槌。在美國的國會、法院及聯合國大會、臺灣的立法院、縣市議會等等議事場合，是議決時被普遍使用的法器。

會議規範相關法規，並沒有針對議事鎚的使用規定，唯一是李登輝總統擔任省主席時，曾發函各縣市議會，議事鎚的使用規定。至今是立法院、各縣市議會，使用議事鎚拍板定案的依據。

臺灣省政府函，中華民國 72 年 7 月 11 日，72 府民二字第 150820 號，受文者：各縣市議會、各縣市政府。

主旨：茲規定臺灣省縣市以下民意機關「議事槌」使用方法，請參照辦理。請查照並轉行。

說明：

一、爲使全省縣市以下民意機關，齊一方式使用議事槌，以發揮議事功能，強化我民主憲政與地方自治之實施，經本府民政廳擬訂議事槌使用方法一種，並提七十二年六月二十三日，本省七十二年度縣市議會議長、副議長第二次座談會研討通過紀錄在卷。

二、議事槌使用方法：

（一）本省縣市以下民意機關參照辦理。

（二）使用時機與方式：

1.主席宣布開會、閉會、散會或休息時以敲三下爲原則。

2.主席裁定或宣告議案表決結果時，以敲一下爲原則。

3.主席維持會場秩序，其敲打次數視情況而定。

筆者詢問曾經擔任過，國際同濟會世界總會，國際理事：吳惠婉前總會長及簡珠清前總會長，在美國的世界總會開會，及在不同國家主辦的世界年會、亞太年會，都沒有使用議事鐘、議事槌。

簡珠清國際理事，爲了參選世界總會長，曾到很多國家拜訪，他發現美國有一些州的區總會，及歐洲國家一些區總會，有用議事槌和議事板，開會中的決議是用議事槌拍板通過的。

至於，議事鐘，簡珠清國際理事只在南韓、菲律賓和臺灣有看到使用，議事鐘是神聖的議事器物，算是東方社團的議事特色。

在臺灣使用議事鐘、議事槌，最多的四大國際社團：同濟會、青商會、獅子會、扶輪社。四大社團的共同點是，開會的議程中，有請主席鳴鐘開會，散會的時候有請主席鳴鐘閉會，並沒有規定議案通過、議案否決，要敲鐘的用途。至於議案認可、通過或否決，扶輪社和獅子會，沒有敲鐘或拍板。青商會是用議事槌拍打議事板，若議事板不見了，就用議事槌敲桌面。

同濟會目前大部分是敲鐘、也有沒敲鐘，筆者在 2009-2010 年，擔任 36 屆臺中縣區主席的時候，曾送各會一個議事板，推廣用議事槌拍板通過，但一屆一年後沒有流傳下去。

筆者建議，議案通過或否決，請主席喊「通過」，並用議事槌拍

打桌面，如縣市議會議長和立法院院長一樣，主席用議事槌拍打「議事板」一下，或用議事槌敲桌面，是主席拍板定案，這樣議案通過比較莊重，也提升會議的形象。

另有主張議案通過，敲議事鐘的聲音，像敲和平鐘、給會場的人感覺平和、舒暢，而拍板之聲讓人感覺威嚴、剛烈……。團體開會是敲鐘或拍板定案，並無統一的規定，由各團體的開會習慣自行決定。

4-29 會議主席是思想交流的交通指揮

擔任會議主席，推動議程，要提綱挈領，掌握重點，控制時間，是提案人和出席人，思想交流的交通指揮，不要讓溝通打結，要疏導意見，凝聚共識，形成決議，完成開會的任務，是神聖的使命。

社團裡難免有會員之間的利害關係，或者不對盤的雙方，有些人爲了模糊焦點、爲了抹黑對方形象，想轉移話題等等，在會議中引起戰火，就必須靠會議主席的智慧來排除。

會議中也有人，提不出好的意見，但裝得很了不起的樣子，也有官大學問大，也有依老賣老，也有不切實際的發言，也有牆頭草的人刷存在感，好的也附和、壞的也說，沒有主見，浪費大家的時間等等，都不是開會要的內容，會議場合的狀況千奇百怪都有。

會議主席是站在整個會的立場，必須以會的利益爲優先考量，運用議事規則，就像交通指揮是依據交通規則，指揮前後左右的車輛，不要撞成一團，會議主席就是要指揮贊成的、反對的，一位、一位秩序井然的輪流發言，在會議場合就是要避免有雙方或多方激烈爭執的意外發生，全靠會議主席的指揮。

4-30 主席如何順利完成會議的重點

1.主席應依會議通知，以簽到人數「達法定出席人數」準時宣布開會、另準時宣布散會或議案提前結束，宣布散會。

2.主席於開議時間已到，尚未達到法定出席人數時，可以宣布延長 10 分鐘或 20 分鐘或改開「談話會」。

3.主席應公正超然的主持會議，遵守議事規則，維持會場秩序，不要表達贊成或反對的意見，否則違反公正超然立場，才能使會議順利進行。

4.主席對於討論事項，以不參與發言、討論與表決爲原則，如必須參與發言，需先聲明離開主席之地位，不必換坐位，仍坐原來位子。對於議案表決，除非表決贊成和反對相同票數或只相差一票時，主席才要表示贊成或反對，否則不要介入表決。

5.主席在確認本次會議議程，應徵詢出席人意見，若無異議，即可宣布本次會議議程「認可、無異議認可」，而非「通過」。確認上次會議紀錄時，如果出席人發現有錯誤時，不可用修正，而是用「更正」上次會議紀錄。

6.主席應預先詳閱會議資料，了解會議目的並估計其可能的狀況、處理方式及預期結論。

7.主席應熟悉議事規則及相關法令主持會議，最好隨身攜帶會議規範或教育手冊等，可以查詢資料依據。掌握各項程序，果斷宣布導引，例如：宣布開會、請司儀宣布下一個議程，宣布決議、結果、休息、散會等等。

8.嚴格控制會議時間，會議前應先與司儀溝通，適時引導司儀對會議的進行。

9.出席列席人員，請求主席准其發言時，主席可以點頭示意、

手勢指他或出聲請他發言。

10.發言者，如果言論超出議題範圍或違反會議禮貌或發言損及他人人格、人身攻擊或其他違反議事規則情事者，主席應該馬上加以阻止。如果制止不聽或故意鬧事，若情節重大得經會議通過，停止其出席、向會眾致歉等處分的決議。

11.主席對於出席人提出任一動議，須宣布「成立」或「不成立」、「不接受」。

12.主席對於發言者之意見，要注意聽並確實了解其義意，如果發言者說不清楚，出席人也聽不清楚之時，可以請發言者再說明或主席摘要轉述其說明，避免誤會。

13.當有人發言或進行表決、或選舉時，如果出席人再提動議，主席應制止不同意，除非權宜問題、秩序問題、會議詢問及申訴動議，才可以接受。

14.動議案，如果不成熟，主席可以請動議者收回動議，在未附議前，主席可以直接同意他收回，如果已經有人附議，主席也要徵求附議人是否收回附議？經附議人同意收回附議，該案收回，會議紀錄也不用紀錄。如果動議案已經討論並被修正了，已經不是原來動議者所提的內容，原動議者就不能收回了。

15.會議常用的表決方式，有：舉手、起立或投票，其他方式少用。最常用的是舉手表決，最常用及方便，如果議案單純，主席也可以徵詢出席人有沒有異議，如果無異議，即可以宣布本案無異議，通過。或沒有反對意見，本案，通過。不必每案均付諸表決，開會才有效率。

16.議案如果不能用無異議，通過。就用表決，表決要兩面俱呈，統計贊成幾票？反對幾票？如果是贊成多於反對，本案通過。如果是反對多於贊成，本案否決、不通過。就是多數

決的意思。

17. 表決前，主席要宣布出席人每人一票，避免徵詢贊成時舉手贊成、反對時也舉手反對，形同廢票。如果有出席人對表決結果產生疑問，主席可以同意再表決一次。

18. 主席於進行到選舉議程時，要指定選務人員或依不同團體的文化，是法制顧問、常務監事或是前任理事長（會長、社長），來擔任選務主委，這個時候把主席的麥克風交給選務主委，說明選舉之名稱、職位、應選名額、選舉方法，包括：發票、唱票、監票、記票等人員，並進行投票、計票等事項。投票表決時，主席也應與出席人一起領票，否則視爲棄權。

19. 選舉投票期間，如有人干涉他人選舉或將選票攜出會場時，選務主委應該馬上制止。至於票選有效票或無效票的鑑定，選務主委應邀請理事長（會長、社長）等幹部一起判定。

20. 選舉投票揭曉後，選務主委當場將選舉結果宣布：每一位候選人的得票數，不分當選與否，得一票的也要宣布，才算完成任務。把麥克風交還給會議主席，最後由主席宣布：當選名單。

21. 會議中提出的動議，一案一案的進行，同一時間只討論一個議案。會議進行中，如果有出席人針對某議案稱爲「主動議」，提出「附屬動議」，依優先順序爲：散會動議、擱置動議、停止討論動議、延期討論動議、付委動議、修正動議、無限延期動議。

    或提出「偶發動議」即，權宜問題、秩序問題、會議詢問、收回動議、分開動議、申訴動議、變更議程動議、暫時停止實施議事規則一部之動議、討論方式動議、表決方式動議。

主席處理：先權宜問題、其次爲秩序問題，其他再次之，不容易背起來，如果遇到就翻閱會議規範、教育手冊或請教前輩均可。

如果出席人不服主席對權宜問題、秩序問題的裁定，可以提出申訴動議，如果有出席人附議，即提附表決，決定是否維持主席的裁定。如果無人附議，申訴動議就不成立。

22. 一般團體的會議，通常很單純，並不是所有「附屬動議」、「偶發動議」都會出現，在討論議案時較常出現的動議，大概是修正動議、付委動議，所以，理事長（會長、社長）擔任會議主席，主持時不必太緊張，只要掌握基本會議規則，配合團體的文化特質，靈活運用、有大多數出席人共識的決議就可以了。
23. 主席於散會後，對於會議紀錄須簽名，才是正式會議紀錄。
24. 主席對於會議決議內容，不得會後任意更改。否則會違反刑法第 215 條規定：從事業務之人，明知爲不實之事項，而登載於其業務上作成之文書，足以生損害於公眾或他人者，處三年以下有期徒刑、拘役或一萬五千元以下罰金。

4-31 視訊會議怎麼召開也要懂

我們平常熟悉的是實體會議，大家到會場進行面對面討論議題的開會模式。現代是全球科技化的時代，在商業界利用網路的技術，進行跨廠區、跨縣市、跨國的電子會議，也稱爲視訊會議，已經是很普遍的事情了。

行政院國家發展委員會 104 年公布「電子化會議作業規範」爲推動會議資料少紙化之政策，建立電子化會議之施行及管理機制，提升效率、節能減紙、節省出差開會公帑的行政管理目標。

2021 年 5 月，因應新冠病毒疫情的衝擊，內政部公告，人民團體不要召開會員大會，暫停舉辦會議，避免群聚感染的風險。所以，社團就興起使用視訊會議，2021 年國際同濟會亞太年會，臺灣會員不能出國參加，也是使用視訊會議參加。

視訊會議是時代進步的產物，行政院已經有電子化會議作業規範，本書後面有章節介紹，現代社團朋友，也要瞭解視訊會議怎麼操作，是擔任理事長（會長、社長）新的功課，要知道視訊會議是怎麼開會。

4-32 會議結束前，主席結論說什麼

會議結束前，有一個議程是：「主席結論」。常常聽到主席講一些五四三，不是結論的重點。在會議結束前，「主席結論」是要會議主席將今天這次會議通過的內容重點一一做整理，再次確認決定的事項或如何執行，才是主席結論的重點，詳細請參閱第九章理事會的演練劇本，第 292、293 頁。

主席結論，一一感謝出席人今天貢獻很多智慧提供寶貴的意見，在會議中有某某計畫，是委任某會員去執行，這時侯也要再次確認他的姓名和計畫，公開請大家支持他，賦予他職權，讓他能夠認眞、順利的去執行。

主席會整理結論，可以提升大家對會議主席主持會議的功力，和經營管理會務的技巧，會有很高的評價和形象。

第五章　會議攻略

會議是名詞，例如召開某某會議。開會是動詞，是一些出席人聚在一起開會討論，開會處理的動作分爲：提案、討論、表決，三個程序。

一、動議提案

會議前，以書面方式，提出的問題稱爲提案，要有一人附署。會議中，以口頭方式，提出的問題稱爲動議，是臨時動議，要有一人口呼：附議，才能成案。

二、提案討論

1.請求發言地位：出席人舉手並高呼「主席」請求發言，經主席同意後，始得發言。主席點頭示意或稱呼 XX 會員請發言。

2.發言聲明性質：發言者首先須對在場正在討論的問題，聲明發言是贊成、或反對或是修正，再說明其內容。

3.發言不得離題：發言應有禮貌，就題論事，對事不對人，除對人爲主體的議案外，不得涉及私人私事，如果言論超出議題範圍，或有失禮貌時，主席應予制止，或中止其發言。

4.發言限次、限時：出席人對任何問題都有二次發言機會。每次以不超過 5 分鐘爲宜，其實 3 分鐘即可，發言應簡單扼要，開會才有效率。

5.發言先後的指定：二人以上同時請求爲發言，由主席指定之。主席依原提案人有所補充或解釋者優先，其次是討論議

案發言最少，或尚未發言者，再者是距離主席較遠者。

6.一時不議二事的原則：1581 年英國國會確立至今，議事規則仍沿用，動議的討論，應依先後順序，一案接一案，逐一進行，在同一時間不得討論兩個動議，主席不可以接受第二個動議，必須第一案結束，再接受第二案。

三、表決方法

依照開會簽到單，達法定出席人數就開會，會議中統計表決結果，是以有參加表決者，不考慮棄權與廢票，也不考慮會場出席人數是否仍有過半數，除非有出席人提出清點人數，否則已簽到單爲準。

表決有五種方法：1.舉手表決。
2.起立表決。
3.唱名表決。
4.投票表決。
5.正反兩方分立表決。

兩面俱呈的表決：主席先問贊成的統計結果，再問反對的統計結果。再由主席宣布結果：可決（就是通過）或否決（就是打消或不通過的意思）

依實務經驗得知，會議中的議案，約有八成是一面倒的多數，「聲決」口頭表決，被認爲是最有效率的表決方式，但聲決在國內會議規範沒有，所以團體少用，但國外就很多，國際同濟會的會議規則，是依據羅伯特議事規則，參加世界年會，亞太年會，就常見採用聲決。聲決操作程序如下：

1.主席先問出席人：贊成者，請說贊成。
2.贊成的出席人就說：贊成。
3.主席再問出席人：反對者，請說反對。
4.反對的出席人就說：反對。
5.主席依據聽到贊成及反對聲音的大小，人多人少的聲音，宣布表決結果。
主席宣布表決結果時，如果出席人對其宣布表決結果有疑問時，出席人可以提出「權宜問題」，或主席自己也無法判斷贊成或反對，何者爲多數時，主席可改用舉手表決或起立表決重新表決。

5-1 開會成本高要有效益

會議的核心價值是：民主和效率。開會不是只有討論提案解決問題的表象而已，社團召開會議，有四個深層的目的：

一、分享資訊。
二、解決問題。
三、統一意見。
四、聯誼功能。

很多社團每年都有針對幹部舉辦「會議規範」講習，教授議事規則，了解簡單、明瞭、好運作的開會技巧、有效益解決問題的開會模式。

不希望「議事規則」太難而成爲開會不順利的絆腳石，社團開會必須有時效的解決問題，並減少開會的成本。

開會的成本 ＝ 出席的人數 x 出席會議的時間 x 出席人的時薪 ＋ 出席人的交通費 ＋ 文書作業費 ＋ 場地費 ＋ 餐飲費等等。

出席會議的時間，是出席人放下工作，離開公司或家庭到會場參加會議，直到會議結束，再回到公司或回到家，這期間所用的時間。

出席人的時薪更必須重視，如果沒有效益的會議，是多麼浪費開會的成本，尤其社會團體的理事、監事，大都是企業老闆或主管居多，時薪成本很高，所以會長主持會議必須有效益。

請記住：會議的效益，就是會議主席的領導魅力和能力的表現。

5-2 不同團體有不同的議事規則

到青商會教會議規範要知道，青商會有自己訂定的青商議事規則，是以會議規範爲基準，因應青商會的開會文化，稍微的增刪而成。

到同濟會教會議規範，要了解國際同濟會台灣總會章程（1973年制訂），第 15 章，會議準據，第一條：本總會章程及施行細則，未涵蓋之議事程序，應以「羅勃氏議事規則新修訂版」爲議事準據。

同濟會的會議依據，是台灣社團中比較特別的規定。因爲國際同濟會源自美國，美國各級機關團體開會就是依據「羅勃氏議事規則」市面上中文大都翻譯成，「羅伯特議事規則」。

國際同濟會台灣總會的章程，有如加盟體系，是根據國際同濟會，在美國的世界總會章程，制定台灣總會的章程。

台灣總會章程的制定及修改，要全國會員代表大會通過，有一千多位出席人的三分之二同意才算通過，並不容易。

全國會員代表大會通過的決議，送內政部核備，還必須送國際同濟會世界總會，沒有抵觸世界總會章程才算通過，這是國際社團的約束。國內其他社團就沒有這一層的約束關係，會員大會可以自主決定。

5-3 意見不同又不想造成爭執的方法

提出相反的意見，如果時機不恰當或說法不恰當、出現挑撥是非的言辭或意氣用事的言論等等，就會發展成情緒上的對立，所以提出相反意見，必須冷靜顧及對方的感受。

要反對其他出席人的意見，先表示認同對方所說的意見也是有道理，先給予肯定，不過……再提出你具體的內容。

在辯論的技巧上稱爲「受、切、吃、打」，先接受對方的意見，再一項一項切入相反的意見，再用更大的反對理由，吃掉對方的理由或包含吸納對方的理由，比較出我的意見，比你的意見更好的差異性，以理服人，以更大的理由吃掉對方的意見，做爲修正意見。

緩和的提出相反的意見，才能避免產生不當的感情用事。也避免主觀直接提出反對意見，也不是只有陳述自己反對的內容，還要能夠思考如何讓對方也可以接受的內容，才是會議高手的一種考驗。

會議討論中，有不同意見的提出，是無可避免的。主席要公正表達，因爲在你的內容基礎上，才有他修正更好意見的產生，也要稱讚兩位的貢獻。

另一方面，如果對方的意見更好，也要有接受對方的意見或讚揚對方高見的雅量，這是民主社會開會很重要的會議修養。

5-4 破解對方警戒心的方法

會議中可以應用手勢或肢體動作，來彌補語言的表達，藉以提升說服力。可以活用「映射」這個方法，所謂「映射」mirroring，就是模仿對方的手勢、模仿對方的動作、模仿對方說話的方式等等，一旦自己的動作被模仿，就會對模仿者有好感、產生親切感，大家笑成一團而解除警戒之心，模仿者製造輕鬆的氣氛，接下來有話就好說了。

開會的時候，只有利用大聲說話來引起注意，並不是聰明的方法。說話如果加上動作，更能把大家的注意力集中到發言者身上，使用這種稱爲 power lift 的方法，就是利用手勢、動作或筆，吸引其他出席人的注意，發言的內容，更容易獲得出席人了解，這是有經驗出席人參加會議的技巧。

5-5 會議中的反問法

參加會議，不要有先入爲主的觀念，一方面要專心的傾聽，掌握對方要表達的眞正意思，再作出自己適當的回應，遇到有爭辯的時候，反過來向對方提問也是一種方法，爲什麼你會如此認爲呢？或具體而言……，如果怎樣應該比較可行？

利用提出反問的方式，也是爭取時間的會議技巧，在對方思考的時間裡，可以整理自己的論點。

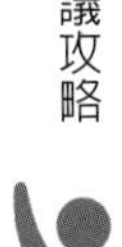

如果發現其實結論是相同的時候，就接受對方的意見，就說確實也可以這樣做，非常感謝你的寶貴意見，將話題結束，以展現你大智慧的風度。

5-6　開會提升會員的能力並促進會務昌隆

每一屆的會長都想做一兩件轟動武林的活動，或舉辦有深度的文化活動，或辦理對地方有具體貢獻的社會服務，如果沒有先召開活動的籌備會議，直接提案在理事會討論，出席人東扯一下、西扯一下、七嘴八舌，沒有深度思考的發言，很難有聚焦的共識，因爲沒有足夠的時間討論：活動的名稱取什麼比較有意義？活動的時間選在什麼時候比較好？活動的地點選擇那個場地比較適合？人員組織架構怎麼分配？媒體宣傳的計畫如何？我們的人力足夠嗎？我們的財務預算夠嗎？預期效果對我們的會有什麼好處？社會可能有什麼好評價呢？

大家忙了幾個月的準備，透過關係募款，也寫計畫向政府單位申請經費補助，也動員友會協辦，更宣傳鄉親及社區民眾來參加，熱心公益最終目的就是希望獲得好評，再辛苦也值得，就是團體做公益的目的。

如果大家出錢、出力，忙了幾個月，結果不能獲得社會正面的肯定和評價，何必白忙一場呢？

爲了避免白忙一場，可以先交付某一會員或幹部，擔任籌備會總幹事，透過分配各小組，召開小組籌備會議，大家分組、分工、深思熟慮的細部計畫，避免某一環節之疏失而引發民怨，如果鬆了一根螺絲，變成老鼠屎會壞了一鍋粥，將得不償失。

每一位的寶貴意見，都有利於活動的成功，就是透過彼此腦力激盪，對內可以提升會員辦事的能力，又促進會務昌隆，展現社團的聲譽，是會議隱形功能的重大意義。

5-7 開會是可以活化腦部的潛能開發

會議中被問到：你的看法呢？能不能回答出理想的內容、好的答案，就看你的核心能力。

一場會議如果出席人淪爲腦部休息的時間就可惜了。開會就是大家要依照議題，腦力激盪想辦法的時間，出版本書的目的，希望解釋議事規則之外，也增加開會實用的技巧內容，進一步藉由開會帶來活化腦部的潛能開發，進而養成習慣。

因爲腦是一個可以改變它自己的功能，只要還活著，年紀再大仍能透過深度思考而不斷的改變。「大腦可塑性」是近期神經科學最大的突破，這個革命性的發現，推翻了百年來認定大腦在成年後不能再改變的看法。

開會的時侯大家腦力激盪，是人類探索精神的展現，是主動式終身學習，改變大腦的機會，因爲醫學證明神經細胞可以重新生長、產生新連結的現象，不但給心智有缺陷的人帶來希望，也給過去認爲不可治療的大腦傷害帶來復原的機會，讓我們看到健康大腦擁有驚人的適應力。

會議可以鍛鍊出席人的頭腦，許多想法不斷交叉、激盪、融合，最後成爲具體的決議，就是開會可以活化腦部潛能的功能。

常常開會的人，不論是爲公益或爲討論爭辯，都是動腦的運動，很少會失智或退化。失智的人大都是退休沒事做，不動腦才會退化，如果退休又參加社會團體，建議多多出席開會，貢獻智慧、

幫助會務發展，也是做功德，換來不用吃藥，就可以預防失智的妙方，不可以浪費、而要珍惜！

5-8　開會是尋求最好的決議

在籃球比賽中，球員使出令人激賞的運球技術，縱橫全場，但都沒有投進籃框，沒有得分，就不是籃球比賽要的目的。

開會無論過程中不論多麼激烈的討論，如果到最後連一個具體的決議，都無法產生，這個會議也功虧一簣。

有些會議，乍看之下非常的沈悶，但只要能產生一個可以改變事實，可以執行的好建議、好決議，會議就成功了。

就像一場棒球比賽，到九局最後再見全壘打 1：0 結束，可能比賽過程平淡無奇，但是能獲得寶貴的一分就是勝利了。

5-9　誰適合做會議紀錄

除了支薪聘請的秘書以外，也可以找文筆比較好、字體工整、寫字比較快的會員，來擔任會議紀錄。

會議紀錄的責任是正確的紀錄會議中的重要發言內容，並於會後製作成會議紀錄。擔任會議紀錄，會議中除了詢問不理解的措辭或用語於之外，是禁止參加發言討論的，除非紀錄本身也是會員、祕書長或理事、出席人兼任會議紀錄，才可以發言。

爲了紀錄內容的正確，是可以進行會議錄音。少數意見、自由發言也必須紀錄重點，讓會議紀錄可以一目了然的瞭解會議全程，

有時候討論熱烈進行的時候，會來不及記錄，這個時候是可以尋求他人的協助，或進行會議錄音，避免會議紀錄中斷留下空白。

5-10 理事會監事會應該分別召開

理事監事聯席會不是常態會議。一般縣市級社會團體的章程，沒有每個月召開理事監事聯席會的規定。只有應該召開理事會，監事會及會員大會的規定，但很多團體都是召開理事監事聯席會。

社會團體的理事會議、監事會議，應該依章程規定，分別舉行會議，以國際社團爲例，每個月召開理事會，監事可以列席。

監事會三個月才需要召開一次，第三個月可以選擇同一天、同一地點舉行，例如：晚上7點先召開理事會，監事可以列席。8點再召開監事會，理事可以列席。理事監事都有參加會議，可以避免理事、監事同一場會議上，有職權不同的爭議。

因爲理事監事聯席會議，依法、依章程都不是常態的會議，依法是「必要」才召開，但是現在很多社會團體便宜行事，爲了方便將理事監事集中一起開會，沒有分別召開理事會，監事會，把理事監事聯席會議，變成常態性的會議。

如果是一團和氣的團體就無所謂，就像很多社會團體，開會沒有依照會議規範，但大家開會有共識的決議，沒有人異議，就平安無事。

如果社會團體，沒有依照會議規範開會的會議紀錄，函送到主管的縣市政府社會局或內政部核備，政府基於尊重社會團體自治的精神，也會同意核備，不會去追究會議的決議過程，是否有依照會議規範或督導各級人民團體實施辦法之規定。

已經進步到依據會議規範開會的團體，團體中又有人強調法治精神，理事長（會長、社長）就要小心處理，以下分析可能潛在會發生法理爭議的問題，提供理事長判斷參考貴會應該採用那一種會議方式比較好？

5-11 臺灣普及版的理事監事聯席會議

很多社團召開會議，是依照會議規範第二十條規定，每一位出席人都有：發言、動議、提案、討論、表決及選舉的權利。

會議是依據被通知出席的理事、監事，出席人過半數，主席就宣布會議開始。沒有分理事或監事的職權分別計算，以全部理事、監事都是聯席會議的出席人數計算。

討論提案時，不分理事及監事的職權不同，全部都是出席人，出席人大家一起共同討論、大家一起共同表決，只要出席人過半數贊成，或贊成多於反對，該案表決就通過，或確認本次會議議程，全體出席人無異議認可的會議習慣，長久以來成爲「臺灣普及版理事監事聯席會議」的模式。

曾有社區發展協會理事長（也是里長），召開理事監事聯席會議，會議主席宣布歡迎熱心的里民來參加會議，今天在場的里民都可以發言，也可以參加表決。社區發展協會的理事監事聯席會議變成社區會議，大家一起討論，一起表決來解決社區的問題。

依法，出席的理事、監事之外，里民是列席人，列席可以發言，不能參加表決。但出席人理事、監事沒有異議，是擴大里民參與共識的決議，懂議事的人列席在旁，眼見該里解決社區問題後大家很開心，也不會白目依法去檢舉該會議決議無效，因爲開會的目的在解決問題，過程沒有出席人有異議就算了。

政府督導社會團體數十年來不會主動去調查、糾正或反對，社團自治共識的決議過程，除非有出席人異議，才會依法裁決。

5-12 督導各級人民團體的理事監事聯席會議

督導各級人民團體實施辦法，第 7 條：人民團體理事會議、監事會議應分別舉行，必要時，得召開理事監事聯席會議。

前項聯席會議，應有理事、監事各過半數之出席，始得開會。其決議各以出席理事、監事過半數或較多數之同意行之。

■解釋上述法條第一項規定，人民團體的理事會議、監事會議，應該分開舉行，必要時是可以召開理事監事聯席會議，什麼是必要時由各團體決定。

前項聯席會議，應有理事、監事各過半數之出席，始得開會。

■這是第二項規定。舉例：縣市級社會團體大都是，理事 9 位，監事 3 位，上述條文規定，召開理事監事聯席會議，理事過半數要有 5 位以上，監事過半數要有 2 位以上，理事、監事都要各過半數出席，才可以開會。

如果理事公假 2 位及病假 2 位，可以扣除，應出席理事 9 位變爲 5 位，過半數有 3 位出席到場、監事 2 位出席到場，已到出席理事、監事各過半數出席，可以開會。

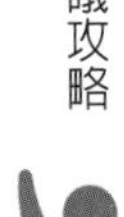

如果理事 9 位出席全到，監事到 1 位出席到場，應出席 12 位，出席已到場 10 位，因監事沒有過半數 2 位，還不能開會。

其決議各以出席理事、監事過半數。

■這是第一種表決方法，舉例：理事 9 位，監事 3 位，召開理事監事聯席會議，對每一個議案的表決，表決要分別計算，要有理事過半數 5 位以上贊成，監事過半數 2 位以上贊成，才可以決議：通過。

■確認本次會議議程，平常是全體出席人「無異議認可」的會議習慣。如果要增加提案或刪除提案有表決，依本規定要分別計算，要有理事過半數 5 票以上贊成，監事過半數 2 票以上贊成才可以。如果理事 9 票全部贊成、監事 1 票贊成，應出席人 12 票，已經 10 票贊成，雖然已經超過全體出席人的半數，但監事沒有過半數 2 票，就不能增加提案或刪除提案。

或較多數之同意行之。

■這是第二種表決方法，不必考慮理事、監事職責的不同，是可以一起表決，只要較多數同意就通過，較多數反對就否決、不通過。

舉例：理事 9 位，監事 3 位，召開理事監事聯席會議，共 12 位應到出席人，對每一個議案的表決，不分理事或監事的職責身分，以 12 位出席人一半 6 位+1 位，有 7 位以上贊成，就可決議：通過。

■第三種表決方法，可能的情形，應到出席人 12 位，實到出席人 12 位全到場。

該議案的表決，贊成 4 位、反對 3 位，沒有意見 5 位。贊成 4 位沒有超過出席人 12 位的一半 6 位，但本條規定，較多數之同意行之，就是同意 4 位較多於反對 3 位，可以決議：通過。

5-13 理事監事聯席會議的主席

內政部曾有釋函，有關理事監事聯席會議之主席，法無明文規定，惟依現行法令及章程規定，理事長對外代表協會，且爲團體最高權力機關會員大會及理事會之主席，爰由理事長擔任理監事聯席會議之主席，並無不妥。

團體透過議程安排，於不同會議階段，經與會人員決議，擇定適當之主席人選，主管機關應予尊重。

如果有監事的提案，要由常務監事主持，必須增加一個程序，須經過出席的理事和監事共同決議，決定有監事提案討論階段的會議主席人選，可以推選某一監事或常務監事主持，不一定是常務監事。如果召開單純監事會議，會議主席就是常務監事。

筆者參加過很多團體的理事監事聯席會議，未曾見過有監事在理事監事聯席會議中，提案監督理事會，所以監事職權使用的機率很少。

5-14 理事監事聯席會議，實際執行的探討

督導各級人民團體實施辦法，法律位階高於會議規範，筆者建議各社會團體應該尊重並依循。

但臺灣的社會團體，召開理事監事聯席會議，很少有團體依照督導各級人民團體實施辦法，值得探討。

以社會科學研究方法之調查研究 Survey Research，針對不同類型、不同性質的社會團體訪問調查，歸納前十項，沒有團體採用依循的原因如下：

督導各級人民團體實施辦法第 7 條後半段：其決議各以出席理事、監事過半數或較多數之同意行之。不是推廣受阻的原因，因爲最後段「較多數之同意行之」，就是臺灣社會團體普及版普遍的決議方式，沒有困擾。

督導各級人民團體實施辦法第 7 條，推廣受阻的原因在中段：應有理事、監事各過半數之出席，始得開會。

原因一：不敢採用的主要原因是，如果依據督導各級人民團體實施辦法第 7 條規定，召開理事監事聯席會議，應有理事、監事各過半數之出席，始得開會。

因爲團體的理事長（會長、社長）在上任前，是找比較有時間、比較可以出席開會的會員來擔任理事。

另外找經歷多、輩份高、工作比較忙、比較沒時間出席會議的會員，來擔任監事，因爲監事會三個月才召開一次。

最多團體擔心的原因是，理事 9 名已經全部到場出席，監事只有 1 名到場，會議應到 12 名，實到有 10 名，雖然已經超過半數，但監事沒有過半數出席，只來 1 位，

就還不能開會，需要監事兩位以上的出席有過半數，才能開始開會，會常常無法開會。

一般是全部出席人過半數，就開始開會的傳統會議習慣不同。所以，提醒理事長（會長、社長）未來找監事人選，不能再找工作太忙，較沒時間參加會議的人選，才能適法並符合會務運作。

原因二：擔任監事，很多是理事長（會長、社長）拜託他、邀請他出來擔任的，他不好意思嚴格監督理事長（會長、社長）在理事會推動的工作。

原因三：很多監事表示，參加團體是來交朋友做公益，出錢又出力，沒有明確貪污，是不會在乎監事監督的職權，所以參加理事監事聯席會議，監事和理事一起表決，造成很多監事會形同虛設，監事自己放棄監督的職權，外人再強調法規都是隔靴搔癢。

原因四：也有監事表示，只在乎這個團體有沒有去做令人讚賞的社會服務，執行公益活動縱然有缺失，也是監事和理事、會員一起去做的，怎麼可以只責怪理事？只要記取教訓下次改善就好，用監事會的監督職權，對理事會提出糾正，就太嚴重了。

這是臺灣人善良的民族特性，台灣社會團體講情理法、不是講法理情的文化習慣。

原因五：民主社會應該依法論法，有督導各級人民團體實施辦法就該依循，但大多數社會團體的監事，不在乎、不計較，監

事監督的職權，甚至於不知道監事的職權，只知道理事、監事是比會員高一級的幹部。

原因六：有監事擔心，如果依法落實監事監督理事會的職權，會成爲團體中的文化革命者，當少數異類會被孤立，就失去參加社團交朋友的目的。

猶豫不決該不該講，也擔心不成熟的監督言行，一不小心恐造成團體的分裂和對立。

原因七：有熟悉議事的監事表示，既然表決可以理事、監事不同的職權，用「較多數之同意行之」可以一起表決。爲什麼出席人數要有理事、監事各過半數之出席，始得開會，是前後矛盾的法條。

應該請立法委員修法，五權憲法已經要修憲把監察院廢除了，還在計較監事職權，歐美沒有監事，並沒有比臺灣不民主、不守法。

原因八：同濟會有人對主張應該依據督導各級人民團體實施辦法第 7 條規定開會的議事講師，沒有以身作則，自己所屬的分會也沒有遵守執行，感覺說一套做一套，說服力薄弱，造成推廣成效不彰，所以曾大力暢議宣導，還是全國無分會採用。

同濟會總會章程已經有召開理事監事聯席會議的規定，推廣改變前，要先在全國年會修改章程，不然分會也不能用議事講義取代章程、違反章程。

原因九：很多理事長（會長、社長）反映，召開理監事聯席會議，幾乎沒有監事提案，如果開會前，要先有理事過半數，監事過半數，才能開始開會。好像自己拿石頭砸自己的腳，若用此議事規則，會阻礙會議的進行，何必呢？

推動會務已經很辛苦了，大家來開會，希望能夠在快樂討論的氣氛下，很快有共識能決議就好，不要太死板啦！

原因十：很多團體表示，常常有找不到接下一屆會長人選的困擾，如果再加上開會採用分別計算理事、監事各過半數出席才能開會，造成每個月會長，還要拜託理事監事出席開會，會讓更多人不敢出來承擔接會長，直接影響團體的組織發展。

希望「社會團體法」趕快通過，廢除人民團體法相關規定，回歸社會團體自治的精神，以符合法律位階最高的「憲法」，保障人民有結社的自由。

筆者在推廣議事教學的立場，告訴各團體，目前要遵守督導各級人民團體實施辦法第 7 條，召開理事監事聯席會議的規定，是充實社會團體正確的議事知識及守法的精神。

建議各社團的理事會議、監事會議，應該依照章程規定，分別舉行，不要將召開理監事聯席會議形成常態的會議。

至於能否落實去執行，就要看各團體的文化背景、章程、議事規定、或該團體長期開會的習慣而定，由各團體理事長（會長、社長）決定其團體適合的會議方式。

筆者 1994 年擔任國際青年商會中華民國總會常務監事，曾編著一本書《監事是社團的民意代表》，周世聰兄競選總會長時授權加

印，成爲最有氣質的選舉贈品也順利當選，書中理性分析監事的職權，監事善盡監督外，也能開源節流的協助會務發展，後來成爲青商會要參選「總會監事」必須取得參加「監事培訓營」結業資格的教科書，當時內政部官員也曾表示，請授權考慮印贈各人民團體，避免監事成爲杯葛理事會的憾事……，可惜該書已經絕版了。

臺灣普及版的理事監事聯席會議，都是監事和理事過半數出席就宣布開會，監事和理事一起表決的習慣，造成很多監事會形同虛設，甚至於任內從來沒有召開過監事會，監事自己放棄監督的職權，外人再強調法規都是隔靴搔癢。

要重視監事的職權，在於監事要先接受教育，再擔任監事。不然議事講師再暢議理事、監事的職權不同，還是沒有監事理會，也沒有分會遵照辦理。

全國約六萬個社會團體中，很多很多團體召開會議，尙無遵守「會議規範」，更不用說進階到依據督導各級人民團體實施辦法的規定辦理。

依據會議規範第二十條：出席人有發言、動議、提案、討論、表決及選舉權利。每一位理事、監事，都是理事監事聯席會議的出席人，就都有討論和表決權。

決議也有依據督導各級人民團體實施辦法第 7 條：或較多數之同意行之。就是不分理事或監事的身分，大家一起共同討論，表決不分理事或監事身分一起表決，贊成多於反對，較多數同意就通過。

唯一應該探討的是，出席的理事、出席的監事，有沒有各過半數出席，才能開始開會？

如果出席的理事、監事，對出席人數的計算沒有異議，該團體開會一團和氣，沒有出席人異議的決議，就是該團體有效的決議。

就像很多開會到一半，有出席人離席，沒人提議清點人數下，

出席人已經沒有過半數，但其決議仍然有效。

數十年來，這樣的會議紀錄，函送到主管機關之縣市政府社會局或內政部核備，政府基於尊重社會團體的自治精神，是不會有意見，也不會去糾正或反對，其決議的過程是否符合督導各級人民團體實施辦法，除非有會員提出異議，才會依法裁決。問題在團體內部是否和諧，如果和諧一團和氣就沒有事。

另一解釋，依法既然是必要時才召開理事監事聯席會議，提案討論的案由，一定是該團體認爲是「已跨越理事、監事職權的議題」，才會提交到必要時才召開的理事監事聯席會議，由出席之理事、監事共同討論、共同表決，通過後再依提案是歸屬理事會或監事會的權責，分別去執行。

如果監事重視監事會的監督職權，想要好好發揮監督理事會的職權，建議監事就不要同意理事長（會長、社長）召開理事監事聯席會議，主張要單獨召開監事會。如果理事長（會長、社長）還是要召開理事監事聯席會議，監事全部缺席就無法聯席會議了。

如果監事參加理事監事聯席會議，遇到監事監督理事會的議案，也可以當場聲明對該案不同意、不參加表決，請列入會議紀錄，意見保留到，獨立召開監事會的時候再做決議。因爲沒有法條規定參加過理事監事聯席會議，就不能再召開監事會，仍可以依章程規定，每三個月召開一次監事會。

換位思考，在理事會中，監事只是列席不能表決，如果參加理事監事聯席會議，監事是出席人，可以參與發言及表決，是權力更多，也算是擴張監事職權的方式之一。

如果談「會議規範」的法律位階低於「督導各級人民團體實施辦法」，憲法的位階最高，司法院釋字第 479 號等解釋，認爲人民團體法相關規定與憲法保障人民有結社自由之意旨不符，是違憲的法規。所以內政部提案，經行政院會議 106 年 5 月 25 日通過「社會

團體法」草案，已送請立法院審議，等立法院三讀通過「社會團體法」，將廢除人民團體法相關規範，督導各級人民團體實施辦法也一併廢除，本書第十一章有說明。

督導各級人民團體實施辦法，是戒嚴時期行政約束人民團體訂下的規定，所以數十年來團體都沒有依據執行，只要會員沒有異議、沒有檢舉，基於法律保留原則，一直有存在的事實與空間。

就好像紅燈右轉，是違反交通規則，但現場沒有警察取締，也沒有檢舉達人舉證通報，雖然是違法，但也通過是一樣的道理。

另一方法，就是理事會或會員大會通過，本會依會議規範第三十條的偶發動議，暫時停止實施議事規則一部之動議，暫時停止實施督導各級人民團體實施辦法第 7 條，依本會自治的精神和習慣開會，執行會務。

參加團體是來交朋友、做公益、積功德，享受共榮共享的樂趣！希望議事規則，不是團體開會促成公益好事的絆腳石，應該是協助團體開會促成公益好事的助力，是快速凝聚討論共識，簡單的遊戲規則，不要把議事規則，搞成有難度，應該是很平民、很簡單，易學易用，才能夠簡單的實現「民權初步」。

5-15 財務審查的正常程序

財務審查的正常程序是，召開理事會時附件的財務報表上，只有製表秘書及財務長蓋章負責，送理事會審查，理事對財務有疑問時由主席請財務長說明。理事會通過後的財務報表，理事長（會長、社長）才蓋章，成為理事會正確的財務報表。

所以，召開理事會時的財務報表上，理事長（會長、社長）不可以先蓋章確認財務報表已經正確沒錯，那還要開會嗎？

理事會通過的財務報表，三個月送一次給監事會審查。所以，函送理事會會議紀錄，附件財務報表上，沒有常務監事蓋章才是正常的，因監事會還沒有審查。

但常見召開理事會議或理事監事聯席會議，還沒審查的財務報表上，常務監事已經蓋章同意的離譜事件。

重視監事會監督職權的監事，去參加理事監事聯席會議要謹慎行事，不要隨便附和通過，既然你出席已經同意通過了，事後怎麼再監督審查？

常務監事在召開監事會審查之前，不要在財務報表上蓋章背書同意通過，必須在召開監事會審查之後確認才可以蓋章。

提報到會員大會的財務報表，理事長（會長、社長）、常務監事及財務長，就都要蓋章代表理事會、監事會都已經審查過了。

5-16 在章程增加會議依據的規範

國際同濟會台灣總會的章程第五章、第十二條：理事、監事認爲必要時，得召開理監事聯席會議，其決議事項應以法定出席人員，過半數同意行之。

上述章程自訂理監事聯席會議，以法定出席人員，不分理事或監事身分，出席人一起討論、表決，過半數贊成就通過。

章程施行細則第二章、第二條：本會團體會員之成員應有之權利：一、會員（會）之每位成員代表有：發言權、提案權、表決權、罷免權、選舉權及被選舉權。

章程施行細則，第七章、第九條：理監事聯席會議暨總會會報，出席人員如下：理事長、前任理事長、各前理事長、候任理事長、各理監事、法制顧問、秘書長、財務長。列席人員包括：會職

人員及各地同濟會會職人員。在同濟會的理監事聯席會議並不是單純只有理事和監事是出席人。

其他社團可以參考國際同濟會台灣總會，在章程或章程施行細則，增訂召開會議，出席人數與表決等權利的內規依據。

建議在章程增加一條：本會之會議準用「會議規範及電子化會議作業規範」之規定。若加在章程施行細則，只要理事會通過，就更方便將會議規範及時代進步必須應用，視訊會議的電子化會議模式，納入貴會的議事規範，當做貴會開會的法源依據。

5-17 為什麼要召開第1次臨時會員大會

這是國際同濟會遇到的問題，新接任會長的產生，是在每年 5 月份的會員大會，並通過下一屆新年度的工作計畫及財務預算表，但很多是前一任會長及會職人員編製的，不一定符合新任會長，在下一屆要運作的理想和計畫。

所以，在 10 月新上任的第 1 個月召開理事會時，同一天在前後的時間，召開第 2 次理事會及第 1 次臨時會員大會。

先在第 2 次理事會，通過修正 5 月會員大會非新任會長編的新年度工作計畫及經費預算表。理事會的會議結束，馬上接著召開，該屆第 1 次臨時會員大會，通過修正 5 月第一次會員大會，函送主管機關核備的會議紀錄，修正通過爲新年度正確的工作計畫及經費預算表。

一般社會團體都是會員大會，選出新的理事長，當天馬上交接。但國際同濟會習慣在 9、10 月再盛大的舉辦會長交接典禮，有一段空窗期。

所以，5 月會員大會選出的新會長及秘書長等會職幹部，必須

在 10 月上任前做好規劃新年度的功課。

試想，如果沒有召開第 1 次臨時會員大會，沒有更正新年度工作計畫及財務預算的分配，若精明的會員或監事，等到下一年度 5 月份的會員大會，才糾正理事會，年度的工作計劃及預算，沒有根據去年 5 月第 1 次會員大會通過的工作計畫及財務預算執行，怎麼辦？

也許沒有精明的會員和監事，就一屆一屆的混過去，既然看過本書建議應該召開該屆第 1 次臨時會員大會，以展現對會務的熟悉、對議事周全的高明作法。

因爲，國際社團一屆一年，其章程規定：會員大會一年召開一次，所以任內再召開第 2 次的會員大會，就必須用第 1 次臨時會員大會，如果用召開第 2 次會員大會，就違反章程一年召開一次會員大會的規定。

5-18 美國議事講師的道德守則

美國議事講師，四項道德守則，值得臺灣議事講師瞭解、參考和重視。

第一：必須妥善區分個人觀點與規則觀點，不可以引用錯誤的見解或誤導事實。

第二：在提供專業諮詢服務的時候，必須提供正確、有信心的資訊。

第三：不可以企圖引導或影響任何議事的結論或決定，因爲議事講師並非會議主席或出席人，決議由出席人決定。

第四：必須保持一貫的客觀性（Objectivity）與公正無私（Impartiality）的立場。

5-19 會議品質的檢測表

會議是大家參與討論的共同任務，但社會團體開會大都是理事長、會長或社長主持，由秘書長和行政秘書準備。

大部分出席人、列席人，參加開會的經驗是愉快的，但也有很多人有下列不愉快的感受，整編會議品質的檢測表，也提供理事長（會長、社長）及秘書長，在準備會議前，提醒應該注意的事項，能避免就避免、能準備就準備，一起提升會議的品質和效益。

【會議品質的檢測表】

□1.會議的目的不明確，準備的資料不齊全。
□2.討論提案的說明、辦法，不清楚，任由議題無限延展。
□3.致詞占用太多時間，報告時間過長壓縮會議討論的時間。
□4.決議的關鍵，因發言者職級大或聲量大而影響。
□5.列席的人太多，以至於無法好好的討論議題。
□6.沒有提出任何好點子，卻有一味批評他人的出席人。
□7.會議中有人做其他事：滑手機、講話，無心參與會議討論。
□8.一開始就知道已經有定案了，只是來背書而已。
□9.會議主席沒有擔當，用等以後再考慮看看的說法，延後決議。
□10.若提出意見就可能將工作付委給你去做，所以不敢提出意見。
□11.安排的會議場地不適當。
□12.有激烈的爭辯，會議主席的處理不理想。
□13.會議停滯，沉悶、氣氛不好，會議主席的處理不理想。
□14.臺下多人聊天聲音，影響臺上的發言。
□15.為開會而開會，用 LINE 或書面通知就可以沒有必要召集開會。
□16.會議主席準備不充足、不太能掌握狀況。

□17.會議常常要出席人捐款，實在不想去。
□18.感覺放下工作，去參加會議，是去浪費時間。
□19.會議沒有準時開始、沒有準時結束。
□20.會議結束，大家就離席、鳥獸散，沒有感情聯誼。

以上 20 項，可以檢測貴會的會議品質，有的項目□請打勾，一題扣 5 分，這一次會議總共幾分？至少要有 80 分才算及格。

因爲本書的提醒，希望貴會的會議品質能夠有改善，請每次會議後自我檢查，自我檢測成績，就是會議品質進步的指標。

期待看過本書的團體，也能每次會議前逐項提醒，防範缺失，自我「校正回歸」高品質的會議。

第六章　會議規範，逐條解釋說明

（1～100 條，舉例、說明、解釋）

「會議規範」是內政部 43 年 5 月 19 日內民字第 50440 號公布試行，內政部 54 年 7 月 20 日內民字第 178628 號修正公布。

最高法院 85 年 8 月 29 日 85 年度台上字第 1876 號判定「會議規範」不是中央法規標準法的法令。

「會議規範」不是法令，只是規範，但各級機關團體開會，須一套議事規則，會議規範提供各級立法民意機關、各級行政機關、企業組織、社會團體、職業團體開會的依循，或以會議規範的架構上，增減其內容，制定適合該單位的議事規則。

讀者熟讀「會議規範」的規範條文後，參加各種會議或主持會議，百分之九十以上沒有問題，就可以晉升爲懂開會的人。

壹、開會

第一條　　會議之定義三人以上，循一定之規則，研究事理，達成決議，解決問題，以收群策群力之效者，謂之會議。

■內政部，民國 54 年頒布的「會議規範」是依據國父孫中山先生的民權初步爲藍本，當時那個年代的會議定義在三人以上。

內政部 80 年 8 月 2 日台內社字第八二一六〇六六號函，認定三人才可以開會。其解釋以會議規範第一條，會議的定義：三人以上，循一定之規則，研究事理，達成決議，解決問題，以收群策群力之效者，謂之會議。

但時代進步，數十年之後，現代是專業分工很細的社會，會議實務上很多是兩個人的會議，例如：會長找秘書長開會、老闆找一位員工開會，都是兩個人會議，三人以上才是會議，已不合時宜。

縣市級團體的監事會，只有 3 人，如果召開監事會，出席 2 人已超過半數，不符合會議規範第一條規定要三人以上。但符合第四條，開會額數，以出席人超過應到人數之半數，始得開會。

出席人應超過半數才開會，只要出席人及相關人都沒有異議，就是不可否認的會議事實，其決議仍屬有效。

實務上，常常開會到一半，有出席人離席已經沒有過半數，如果沒有清點人數，雖然現場出席人沒有過半數，其決議仍是有效的。

■社團自救比較快，就是自定議事規則，建議理事會通過，偶發動議：暫時停止實施會議規範第一條。可以減少鑽牛角尖的紛爭，畢竟開會是解決問題爲重，兩人、三人之爭，無益議事運作。留下第四條，以出席人超過應到人數之半數，始得開會。

■民法，第 1 條：民事，法律所未規定者，依習慣；無習慣者，依法理。會議重點不在於兩人三人，不然社團很多事情，理事長（會長、社長）沒有開會，他一個人做的決定，大家也會遵守去執行，就是臺灣社會團體服從的習慣。

第二條　　適用範圍　本規範於下列會議均適用之：

（一）議事在尋求多數意見，並以整個會議名義而為決議者，如各級議事機關之會議，各級行政機關之會議，各種人民團

體之會議，各種企業組織之股東大會及理監事會議等。

（二）議事在集思廣益提供意見而為建議者，如各種審查會，處理付委案件之委員會等。各機關對其首長交議或提供意見之幕僚會議，得準用前項之規定。

第三條　會議之召集　除各該會議另有規定外，依下列規定行之。

（一）各種永久性集會之成立會，及各種臨時性集會，由發起人或籌備人召集之。

（二）永久性集會之各次常會，或其臨時會議，由其負責（如：主席、議長、會長、理事長等）召集之。

（三）永久性集會每屆改選後之第一次會議，如議事機關之常設委員會，或各種企業組織及人民團體之理監事會等，由當選人中得票最多者，或前屆負責人召集之。

召集人應根據路程遠近及交通情形，於適當時間前將開會事由、時間及地點，通知各出席人或公告之；可能時，並附送議程及有關資料。

■召開會議，正常是寄開會通知的公文，尤其遇到有爭議的時候，或很重要的會議，必須用紙本的公文，加上掛號才比較保險，要預防沒有收到開會通知的出席人異議。

■現在也有一些社團，配合時代的進步又省下郵資，用 Line 群組公告：開會時間、地點，是可以的。但必須大家有同意的共識，或開會通過使用 Line 群組公告通知開會。

不要理事長（會長、社長）個人主張獨斷獨行，萬一沒有全部出席人都加入 Line 群組，或有的人 Line 群組很多，很容易因疏忽沒注意，要防範沒有看到，會造成紛爭，要都能收看到開會通知才可以使用。

建議，祕書長每次會議在群組，上傳一則可以出席會議的接龍，祕書長就可以預先看到，誰還沒有接龍，就用電話詢問還沒有接龍的出席人，是否會出席？可以彌補他沒看到 Line 群組的開會通知，是用 Line 群組通知開會很重要細節的作業之一。

第四條　開會額數　各種會議之開會額數，依下列規定：

（一）永久性集會，得自定其開會額數。如無規定，以出席人超過應到人數之半數，始得開會。

前款應到人數，以全體總數，減除因公、因病人數計算之。

（二）處理議案之委員會，應有全體委員過半數之出席，始得開會。

（三）會員無定額者，不受開會額數之限制。

開會時間已至，不足開會額數者，得宣布延長之，延長兩次仍不足額時，主席應宣告延會，或改開談話會。

■以該次會議，應到出席總人數，先扣除請公假、病假人數，等於該次會議正確應到出席人數，如果出席人有超過半數，就可以正式開會。

舉例：理事會，理事 9 人，減因公假出差 1 人，再減請病假 1 人=7 人是該次會議正確的應到出席人數，如果出席 4 人就算超過半數，就可以正式開會了。

■狀況處理

一、如果出席只有 3 人，沒有超過半數，會議主席可以宣布：開會時間延後 30 分鐘，並請秘書長或自己趕快聯絡還沒到的人，催促他趕快來開會，宣佈延後開會時間，可以連續兩次。

二、仍不足額時，主席應宣布延期再開會，或宣布改開談話會，用談話會先討論議案，等到出席人超過半數，就宣布正式開會了，並一一追認剛剛談話會，通過的決議。

三、有經驗的會議主席，不宣布開會時間延後30分鍾，一方面請秘書長趕快聯絡還沒到的人，就直接宣布改開談話會，用談話會先討論議案，等到出席人超過半數，就宣布正式開會，減少開會時間延後，浪費大家的時間。

四、萬一先開談話會，會議討論已經結束，出席人還沒有超過半數，還是做成會議紀錄，等下一次正式開會，再一一追認談話會的決議，用談話會的會議紀錄，也是解決出席人不足的變通方法。

■督導各級人民團體實施辦法第 8 條，人民團體各項會議出席人數之計算，以簽到或報到人數爲準。但出席人提出清查在場人數之

動議時，應清查在場人數，以清查結果爲準。前項動議不需附議。但原動議人得於清查結果宣布前收回之。

第五條　不足額問題　因出席人缺席，致未達開會額數者，如有候補人列席，應依次遞補。如遞補後仍不足額，影響成會連續兩次者，應於第二次延會前，由出席人過半數之決議，決定第三次開會日期，預先以書面加敘經過，通知全體出席人。第三次開會時，如仍未達開會額數，但實到人數已達三分之一以上者，得以實到人數開會，並得對無故不出席者，為處分之決議。必要時得決議改組或改選。

前項候補人遞補後，得臨時行使第二十條出席人之權利。

以上各項，各該會議另有規定者，從其規定。

■出席人未達開會額數，可以改開談話會，先進行議程。

■此會議規範第五條規定，出席人未達開會額數，如有候補人列席，可以依次遞補。提醒讀者人民團體法第三十一條，人民團體理事、監事應親自出席理事、監事會議，不得委託他人代理。遞補又有問題，因人民團體法位階高於會議規範。如果出席人都沒有異議，常見法規擺一旁，就依照該會的開會方式進行，也是有效的決議。

■筆者曾擔任，臺灣省電腦商業同業公會聯合會理事長，因爲有競選，初期對方當選的理事不出席理事會，有杯葛之意。依章程及人民團體法第三十一條，人民團體理事、監事，應親自出席理事

會、監事會，不得委託他人代理；連續二次無故缺席者，視同辭職，由候補理事、候補監事，依次遞補。

所以，每個月在遠方召開理事會，連續二次無故缺席者，視同辭職，先遞補幾位，再拜訪對方當選的理事，好言相勸、展現熱情邀請出席，暗示如果再不出席會繼續遞補，人見面三分情，又都是大老闆，後來放下選舉恩怨，25 席理事就和諧無間、全力推動各項會務。

第六條　　談話會　因天災人禍，須為緊急處理，而出席人因故未達開會額數者，得開談話會，依出席人三分之二以上之同意，作成決議行之，但該項決議應於會後儘速通知未出席人，並須於下次正式會議，提出追認之。

第七條　　開會後缺額問題　會議進行中，經主席或出席人提出數額問題時，主席應立即按鈴，或以其他方法，催促暫時離席之人，回至議席，並清點在場人數，如不足額，主席應宣布散會或改開談話會，但無人提出額數問題時，會議仍照常進行。在談話會中，如已足開會額數時，應繼續進行會議。

■會議依簽到過半數進行，中途如果有出席人提出清點人數，主席就必須清點人數。

如果會議中有出席人離席，出席人已經沒有過半數又沒有出席人提出清點人數，決議仍然有效。

■一般主席是不會自己提出清點人數，除非當天有重要的議案要通過，但是支持提案的出席人不夠，怕被否決，主席才有可能巧妙的運用出席人數不夠，宣佈散會，避免提案被否決的命運。

第八條　　會議程序　開會應於事先編訂會議程序，其項目如下：

（一）由主席或臨時主席（發起人或籌備人）報告出席人數，並宣布開會。

（1）推選主席。（由臨時主席宣布開會者，應正式推選主席，但臨時主席得當選為主席。）

（2）主席報告議程，及各項程序預定之時間。（已另印發議事日程者，此項從略。）

（3）主席報告議程後，應徵詢出席人有無異議，如無異議，即為認可；如有異議，應提付討論及表決。

（二）報告事項：

（1）宣讀上次會議紀錄。（如係第一次會議此項從略。）

（2）報告上次會決議案執行情形。（無此項報告者從略。）

（3）委員會或委員報告。（無此項報告者從略。）

（4）其他報告。（如有其他各種報告，應將報告之事項或報告人，一一列舉，無則從略。）

（5）以上各款報告完畢後，得對上次決議案之執行，或其他會務進行情形，檢討其利弊得失，及其改進之方法。

（三）討論事項：

（1）前會遺留之事項。（如前會有未完之事項，或指定之事項，須於本次會議討論者，應將其一一列舉，如無此種事項者，從略。）

（2）本次會議預定討論之事項。（應將各預定討論事項一一列舉。）

（3）臨時動議。

（四）選舉。（如有必要，此項得移於討論事項之前）

（五）散會。

各會議如已設置紀錄委員會者，本條第一項第二款第一目從略。會議紀錄，如未失去機密性質者，應在秘密會中宣讀之。

■會議由主席宣布開會，實際的議程上，由司儀先說：請主席宣布開會。

■有的團體用閉會，是會議結束之意，但會議規範中沒有閉會，正確議程應該用散會。至於國際社團習慣會議結束，請主席鳴閉會鐘或鳴鐘閉會，仍然可唸閉會鐘，只是議程是散會。

第九條　　來賓演講及介紹　開會時來賓演講，應以事先特約者為限，並以一人為宜，演講題目，得先約定，並通知各出席人，或公告之。到會來賓，毋須一一演講，但如有必要，得由主席向會眾簡要介紹。

■演講題目、演講者及演講時間，應該在「開會通知」就事前通知出席人員踴躍出席。

■來賓介紹，致詞，主管機關代表優先，其次是縣市議員等等來賓，再邀請總會、區、母會會長等等，主席可以私下小聲詢問，等一下邀請您致詞，幫我們勉勵？如果不要就不勉強，公開謝謝來賓很客氣不致詞即可，以開會爲重。

主席邀請貴賓致詞，要暗示大約可以講幾分鐘，一般是 3 分鐘以內，避免來賓話太多講不停，會影響開會時間。

第 十 條　　致敬及慰問　凡以會議名義，對個人或團體致敬或慰問，應經正式動議及表決，於會後以簡要文字表達之。

第十一條　　議事紀錄開會應備置議事紀錄，其主要項目如下：

（一）會議名稱及會次。
（二）會議時間。
（三）會議地點。
（四）出席人姓名及人數。
（五）列席人姓名。

（六）請假人姓名。
（七）主席姓名。
（八）紀錄姓名。
（九）報告事項。
（十）選舉事項，選舉方法，票數及結果。
（無此項目者，從略。）
（十一）討論事項，表決方法及結果。
（十二）其他重要事項。
議事紀錄應由主席及紀錄分別簽署。
各會議得設置紀錄委員會，專司核對紀錄事宜，如有異議，應向大會提出報告。

■比較謹慎的開會，可以用錄音或錄影做紀錄，如果是文字紀錄，不必逐字稿全部紀下來，只要紀錄重點即可。

■如果出席人擔心發言內容，被斷章取義或記錄不完整，可以聲明本人以下的發言，請列入會議紀錄。

■選舉結果每一位得票數都要紀錄，是會議紀錄函送主管機關的重要內容。

■會議紀錄，寫好應該先給會議主席過目校正，再由會議主席及會議紀錄，分別簽名或蓋章後，才可以寄出，以示負責。

第十二條　　紀錄人員　會議之紀錄人員，除各該會議另有規定外，得由主席指定，或由會議推選之。

■會議紀錄及司儀，由會議主席指定秘書長、秘書小姐或會員、理監事均可。

第十三條　　紀錄人員之發言權及表決權　會議之紀錄，如係由會員兼任者，有發言權及表決權。

■不能因爲會員擔任會議記錄，而剝奪他的發言權和表決權。如果會議記錄是秘書小姐，不是會員就沒有發言權和表決權。

除非針對出席人的發言內容，聽不懂或聽不清楚，會議記錄是可以向主席請求發言詢問或私下詢問發言人。

第十四條　　處分之決議　會眾有下列情事之一者，得經出席人之提議，過半數之通過為處分之決議。如情節重大，得由大會成立紀律委員會，研議處分辦法，報請大會決定。

（一）無故不出席會議，連續二次以上者。

（二）發言違反禮貌，損及其他會眾之人格及信譽者。

（三）違反議事規則，不服主席糾正，妨礙議場秩序者。

前項處分之決議，以下列各款為限。

（一）將姓名及其事由，列入會議紀錄。

（二）停止出席權一次。

（三）向會眾或受損害人當面致歉。

■出席會議的出席人，要遵守會議規範的規定，並服從決議的義務，不能沒禮貌或妨礙議場秩序或損及其他出席人的人格及信譽。

貳、主席

第十五條　　主席之產生　會議之主席，除各該會議另有規定外，應由出席人於會議開始時推選，如有必要，並得推選副主席一人或數人。

第十六條　　主席之地位　主席應居於公正超然之地位，嚴格執行會議規則，維持會議和諧，使會議順利進行。

第十七條　　主席之任務　主席之任務如下：

（一）依時宣布開會及散會或休息，暨按照程序，主持會議進行。

（二）維持會場秩序，並確保議事規則之遵行。

（三）承認發言人地位。

（四）接述動議。

（五）依序將議案宣付討論及表決，並宣布表決結果。

（六）簽署會議紀錄及有關會議之文件。

（七）答復一切有關會議之詢問，及決定權宜問題與秩序問題。

其他有關大會會務之重大問題事件，得依本規範第六十三條第四款之規定

設立綜合委員會處理之，以維持主席公正超然之地位。副主席之任務，在協助主席處理有關會議進行之事務，或主席因故不能主持會議時，代行主席職務。

■主席是會議的主持人，指揮會議進行的領導者。主席必須熟悉會議規範的民主素養、客觀的態度、冷靜的頭腦和超然的立場，才能使會議順利的進行。

■社會團體召開理事會、理監事聯席會議、會員大會，都是由理事長或會長擔任主席，如果召開臨時理事會也是由理事長或會長擔任主席。如果理事長或會長請假，可以請前任理事長、副會長或公推主席，擔任主席，依各會習慣決定。

■召開監事會，是由常務監事擔任主席。如果常務監事請假，可以公推監事，擔任主席。

■如果理事長或會長請假，有的團體章程規定，由前一任理事長或前一任會長，擔任主席。如果前一任理事長或前一任會長也缺席，就再往前推理事長、前會長或公推主席，擔任主席。

■召開委員會，就由主委擔任主席或請副主委或公推委員來擔任主席，由當天出席人做決定。

■召開籌備會，由籌備會總幹事、發起人或主委，擔任主席，或由當天出席人，公推主席。

■接述動議：是指主席接著議案，述說動議案內容，或動議說不清楚的內容，主席可以加以修飾解釋其內容，但不得改變其原來的意思。另一方面是提醒出席人，確實瞭解提案內容重點的重要性及影響力。

■議事學上認爲會議的成敗，主席負擔一半的責任，全體出席人共同負擔一半的責任，所以擔任會議主席，是非常重要的職務。

第十八條　　主席之發言　主席對於討論事項，以不參與發言或討論為原則，如必須參與發言，須聲明離開主席地位行之。

主席如必須參與討論時，如有副主席之設置，應由副主席暫代主席，如副主席亦須參與討論，應選舉臨時主席主持會議。但機關之幕僚會議，由首長主持者，不在此限。

第十九條　　主席之表決權　主席以不參與表決為原則。

主席於議案表決可否同數時，得加入可方，使其通過；或不加入，而使其否決，但有特別規定之表決人數者，從其規定。

主席於議案之表決，可否相差一票時，得參加少數方面，使成同數以否決之。

■假設理事會，某一議案表決：贊成 4 票、反對 4 票，這個時候主席可以參加表決，如果主席這 1 票投贊成，贊成變成 5 票，議案就通過。

■如果主席這1票還是不用，贊成4席、反對4席，同票等於否決、就沒有通過。

■另外一種情形，假設理事會，舉辦旅遊討論案的表決：贊成 4 票、反對 3 票，這個時候如果主席不參加表決，舉辦旅遊討論案，就通過。

這個時候如果主席參加表決，增加反對 1 票，反對 4 票和贊成 4 席，正反同票等於否決、就沒有通過。所以，主席的表決權很重要。

參、出席人列席人及代表人

第二十條　出席人之權利義務　出席人有發言、動議、提案、討論、表決及選舉等權利。
出席人有遵守會議規則，服從決議等義務。未出席亦同。

■開會時，出席人高喊「主席」表示要發言，主席有權力決定請誰先發言，主席回應，請某某某發言或做手勢或點頭示意，同意他發言，就是承認發言人的地位。

■缺席人對會議的決議，必須服從。

第二十一條　議場秩序　出席人應共同維護議場秩序，於主席發言及議案付表決時，不得離開議場。

■離席：是離開議場，可能去洗手間或打電話，還會再回來。

■退席：是離開議場後不再回來，跟主席說一聲，是應該有的禮貌。

■會議中，可以傳紙條溝通，但不要任意談笑、走動，破壞議場的秩序。

筆者擔任，國際同濟會臺灣總會第40屆祕書長時，設計印製「議事夾」分送各分會，開會時裝該次會議的「討論提案」使用。

目的一：讓各分會在餐廳或其他場公開場合，開會不是一兩張議程影印紙，以展現國際社團的好形象。

目的二：會歌、信條及議程，印在「議事夾」內，議程護貝重複使用，不必每個月每次會議都影印，造成散會後就丟掉的紙張浪費，只要影印討論提案即可。

目的三：打開議事夾，有一段參加會議的叮嚀：如果需要私下溝通，以兩個人聽到爲原則，不能影響第三人或會場秩序。建議走出會場討論，講完再進來會場，以維護會議品質，謝謝！

■會議中有人正在發言時，離開會場是不禮貌的行爲，要離開會場要選擇沒有人發言的時間。

■議案表決後馬上離開議場，會影響計票的正確數，除非你棄權，不然再計算一次就會少你一票。

第二十二條　　列席人　列席人得參與本身所代表單位有關問題之發言與討論。
列席人有遵守會議規則，發言禮貌及議場秩序之義務。

■列席人可能是基本會員、前會長、來賓、可能是參加理事會的監事、參加監事會的理事或代表某單位來參加，都是列席人。

■社會團體的列席人是可以請求發言，須經過主席同意才能發言，但不能參加表決。

■列席人要發言，也可主動借理事出席人的發言權，請某一位理事，先舉手喊主席，取得發言權後，理事再告訴主席針對這個議案，請某某會員向大家報告，他比較知道詳細的內容，可提供大家參考……，經過主席同意，此列席人才可以發言。

第二十三條　　代表人　出席人因故不能出席會議時，得以書面委託同一團體之其他出席人代表其發言。前項規定，如各該會議另有規定者，從其規定。

■委託書，委託其他出席人代表出席，要載明授權範圍，例如：本人不克出席 XX 會議，委託某某某出席人，代表出席，代表本人發言及參與表決、投票等權利。

■委託書也可以，委託某某某出席人，代表出席，代表本人發言，但不參與表決，以防少數人收買委託書，操縱會議。

■委託某某某出席人，例如：會員大會就可以委託其他會員出席，不可以委託非會員或親朋好友出席。也有團體的章程規定，限制一人只能接受一人委託。如果沒有限制規定，等於留下彈性運用的缺口。

肆、發言

第二十四條　請求發言地位　出席人發言，須先以下列方式之一，請求發言地位。經主席認可後，始得發言。

（一）舉手並稱呼主席，請求發言。

（二）以書面請求，遞交主席，並註明姓名或議席號數。

主席對前項各款之請求，應點首示意，或稱呼會員，准其立即發言，或紀錄各請求人之姓名席次，依次准其發言。

下列事項，無需取得發言地位，並得間斷他人發言：

（一）權宜問題。

（二）秩序問題。

（三）會議詢問。

（四）申訴動議。

■開會中要發言，必須先取得發言地位，請求發言經過主席認可後，才能發言。在社會團體開會，沒有用書面請求發言。

■在社會團體開會，一般是呼喊「主席」請求發言，只要呼喊「主席」兩個字就可以了，不用加上請求發言。或舉手，引起主席注意。

呼喊「主席」後，經主席點頭回答、或用手勢指你，請你發言、或主席說請某某某理事發言，這就是主席承認發言地位。

■權宜問題

開會中的突發事件，**會影響全體或個人的權利**，可以提出權宜問題。

例如：麥克風沒聲音，燈光突然熄滅，冷氣太冷，空氣不流通很悶，議場內其他人討論聲音太大或議場外聲音太大，干擾出席人的聽覺，對清點人數或計算選票或表決的結果有懷疑等等，影響出席人的權利，及有非出席人進入會場，有出席人突發疾病等等，都可以提出權宜問題。

■秩序問題

秩序問題並不是議場秩序的問題，**其實是會議的程序問題**。

例如：出席人發言的內容違反議事規則，偏離主題。牽涉人身攻擊或個人隱私，沒有民主素養和風度，超出議題的範圍。

另外，還不到臨時動議的議程，突然出現臨時動議。可能主席接述動議的說明，違反動議案原本的意思。主席接受動議處理的位階順序不當。

位階的順序是（一）權宜問題。（二）秩序問題。（三）會議詢問。（四）申訴動議。就是會議詢問，不能比權宜問題優先回答，要先處理權宜問題，再回答會議詢問。會議進行中，發生違反議事規則、破壞會議的程序，可以提出秩序問題。

■會議詢問

針對會議中，**發生的事情或會議程序有疑問**，出席人可以直接詢問主席：會議詢問，主席可以直接回答或指定他人回答。

■申訴動議

不服主席對權宜問題或秩序問題的裁定，可以提出申訴動議。本規範第 87 條，**申訴動議必須有附議，才能成立**。

■針對權宜問題、秩序問題、會議詢問，**可以打斷別人發言，不必取得主席承認發言地位**。直接呼喊「主席，權宜問題」、「主席，秩序問題」、「主席，會議詢問」主席就必須馬上處理，權宜問題、秩序問題或回答你的會議詢問。順序可以背誦記成：權、秩、問、申。在羅伯特議事規則，稱爲優先動議。

■如果出席人，學習在野黨立法委員，利用「主席，權宜問題」、「主席，會議詢問」故意干擾會議進行的技巧，假借權宜問題、秩序問題及會議詢問，冗長的發言或發言偏離主題……，主席可以果斷明確的制止其發言，主席馬上插話，我瞭解你的意思，你不要再發言了，馬上強勢回答他的會議詢問，或處理他的權宜問題，讓會議快快恢復正常。

第二十五條　聲明發言性質　出席人取得發言地位後，須首先聲明其發言性質，對在場之問題，為贊成，為反對，為修正，或為其他有關動議。

■出席人取得發言地位後，應先明確的先說你對該案是贊成、反對或修正：本席贊成本案，理由是……。或說：本席反對本案，理由是……。或說：本席對本案提出修正動議……。

■對於發言內容，模擬兩可，不反對，也不贊成，主席必須請他簡短明確的說明，不然就當作其他意見，不處理。

第二十六條　　發言先後之指定　二人以上同時請求發言時，由主席指定其先後次序。

主席依前項指定發言人次序時，得參酌下列情形，指定其先行發言。

（一）原提案人，有所補充或解釋者。

（二）就討論之議案，發言最少，或尚未發言者。

（三）距離主席較遠者。

■針對提案討論或臨時動議，筆者主持會議，習慣先請提案人說明，如果提案人不在場，其次請附署人說明，如果提案人、附署人都不在場，就請接受提案的秘書長或主席自己說明。

■出席人不必強調是第幾次發言，原則上是主席要注意，每一個議案，每位發言不超過兩次。

第二十七條　　發言禮貌　發言應有禮貌，就題論事，除以對人為主體之議案外，不得涉及私人私事，如言論超出議題範圍，或有失禮貌時，主席應

予制止，或中止其發言，其他出席人，亦得請求主席為之。

■會議中發言的內容，應就事論事，不得涉及私人私事，如果發言內容涉及私人私事，主席沒有適當的制止，出席人可以提出秩序問題，請主席處理。

■發言禮貌，是民主素養和風度，如果是會員大會或交接典禮，大場面有發言台，上發言臺前，可以先向主席臺、出席人或會議主牆，行鞠躬禮。如果是小型的理事會，就不用行禮，發言時先稱呼：主席、大家好……即可。

■發言時要不要站起來？要看場地安排，站起來發言是禮貌，如果會議桌上面有麥克風，就坐著按下麥克風發言，如果主席和其他出席人都坐著發言，你就跟其他出席人一樣都坐著發言，如果其他出席人都站起來發言，你就跟其他出席人一樣站起來發言。

第二十八條　發言次數及時間　發言應簡單扼要，同一議案，每人發言以不超過兩次，每次以不超過五分鐘為宜，但所有出席人均已輪流講畢，或另有規定者不受此限。

提案之說明，質疑之應答，事實資料之補充，工作或重要事項之報告，經主席許可者，不受前項之限制。

出席人如需延長或增加發言次數，應請求主席許可為之。

必要時，主席應徵詢會眾有無異議，如有異議，應付表決。

第二十九條　　書面發言　出席人得將發言要點，以書面提請主席，依序交紀錄或秘書人員，宣讀之。

■社會團體開會前，是接受書面提案，可以列入提案討論。

■書面發言，社會團體平常幾乎沒有用，大部分是臨時動議或大型活動計劃書，避免現場發言一言難盡或說不清楚，可以影印書面資料，給全體出席人詳閱，比較能獲得支持。

伍、動議

第三十條　　動議之種類　動議之種類如下：

（一）主動議　一動議不附屬於任何動議而能獨立存在者，屬之。其種類如下：

（1）一般主動議　凡提出新事件於議場，經附議成立，由主席宣付討論及表決者，屬之。

（2）特別主動議　一動議雖非實質問題而有獨立存在之性質者，屬之。其種類如下：

1.復議動議。

2.取銷動議。

3.抽出動議。

4.預定議程動議。

（二）附屬動議　一動議附屬於他動議，而以改變其內容或處理方式為目的者，屬之。其種類如下：

1.散會動議。（休息動議）

2.擱置動議。

3.停止討論動議。

4.延期討論動議。

5.付委動議。

6.修正動議。

7.無期延期動議。

（三）偶發動議：議事進行中偶然發生之問題，得提出偶發動議，其種類如下：

1.權宜問題。

2.秩序問題。

3.會議詢問。

4.收回動議。

5.分開動議。

6.申訴動議。

7.變更議程動議。

8.暫時停止實施議事規則一部之動議。

9.討論方式動議。

10.表決方式動議。

■一般主動議

開會中要討論的事情，叫做主動議。

主動議有兩種來源，一種是召開會議之前，徵求出席人以書面提案並有人附署，秘書處就列入開會議程中「討論提案」的案由。

另外一種是會議現場，出席人臨時提出的臨時動議，須先徵求出席人附議，有人附議，主席就宣布動議案成立，進行討論，先請動議人說明……。

■臨時動議

會議中，討論提案很多案，中途不可以提出臨時動議，必須等到議程進行到臨時動議時，才可以高喊：主席，臨時動議。經主席同意，又有人附議，你再說明臨時動議的內容。

雖然在臨時動議的程序中，但有其他出席人正在發言中，另一位出席人不能高喊：主席，臨時動議，打斷別人的發言。必須等前一個臨時動議，已經表決結束，才可以再提出另一個新的臨時動議。

■四項特別主動議、七項附屬動議、十項偶發動議，令初學者眼花撩亂，其實在和諧的社團會議中，很少用到那麼多。

在社團各種會議場上比較有用到：修正動議、付委動議、會議詢問、收回動議。很少遇到上述動議的順序之爭。

建議讀者讀過放在心上，參加會議要帶一本會議規範或教育手冊，遇到時再翻書查看即可，不然一下子要背誦那麼多項動議順序，一般人有困難。

■特別主動議

1.復議動議，2.取銷動議，3.抽出動議，4.預定議程動議。不是實際在討論，舉辦某一活動內容的主動議，而是非實質問題，要判決這個議案「死去活來」叫做特別主動議。

「死去」就是這個議案取銷吧！不要再討論了，就是取銷動議。

「活來」就是這個議案，抽出來討論、復活再討論，就是復議動議、抽出動議、預定議程動議。

■復議動議

就是本屆的會期，已經討論過，表決通過或不通過的議案，可以因爲事過境遷、有新的資料發現、或情勢背景已經有變化。可以用復議動議，帶回來會場，重新討論。提出復議動議，有人附議，就可以進行討論。隔屆的新會期就重新提案，不用重提復議動議。

■取銷動議

針對本屆的會期，已經討論表決通過的舊案，例如：舉辦出國旅行計畫。因爲新冠病毒疫情的關係，不能出國，且該計畫還沒有執行，或認爲實際執行上有困難，就可以動議取銷。如果有人附議，就進行討論，再進行表決是否取銷。

■抽出動議

抽出動議，只能針對本屆的會期，已經被擱置的議案，用抽出動議帶回議場重新討論。如果有人附議，就進行討論，再進行表決。如果是上一屆被擱置的議案，就不能用抽出動議，新一屆新會期重新提案就好。

■預定議程動議

討論過的議題，一直沒有結論，希望在下一次議程中再排入繼續討論，出席人可以動議預定議程，安排到下次會議的議程中討論。

另外一種情形是，決議延期至下次會議討論，因秘書處疏失，未列入下次會議的議案，在通過本次會議議程時，如果想到也可以增列爲本次會議議程，如果還沒有想到，等到進行提案討論時才被想到，上次預定的議程，沒有列入本次會議的議案，出席人就用預定議程動議，增列在本次會議的議程中。

以下附屬動議，不可以打斷他人發言

（一）**需要取得發言地位。**

（二）**需要有人附議，不必討論，主席直接用表決做決定。**

■散會動議

會議進行中，如果有人提出散會動議，必須要有人附議，一有人附議，主席就停止討論、進行表決，如果表決多數通過，就馬上散會。

討論到一半遇到散會動議，沒有討論完的議案，就留到下次會議中繼續討論、再表決。

■會議討論中，可能因爲議案內容計畫不周全或施行有困難，不再討論了，可以提出：擱置動議、停止討論動議、延期討論動議，無期延期動議。

■擱置動議

會議進行中，發現該議案沒辦法馬上解決，應該先暫時擱置在一旁，等待適當時機或資料充足再處理。

■停止討論動議

議題在會議中已經有充分的討論，再討論也是了無新意或重複提出，爲了掌控會議的時間不要討論太久，可以動議停止討論，如果有人附議，主席就進行表決，決定停止討論或繼續討論。

■延期討論動議

會議進行中，熱烈討論、氣氛火爆，需要調解，或計畫不周全，資料不充足，而且沒有急迫性，需要更長的時間思考，不適合馬上做決定。出席人可以動議：本席動議，本案延期討論。或將本案延到下次會議討論。

■休息動議

不在前面 7 項附屬動議中，實際會議中有一項「休息動議」。不要馬上散會那麼絕，或開會時間太久，大家累了，或有爭議，出席人可以提出「休息動議」，或主席提出，休息 10 分鐘或 20 分鐘，一有人附議，就停止討論、進行表決，如果表決多數通過，就馬上休息，進行協商或上洗手間……，再繼續開會。

■付委動議

議案的內容，涉及專業知識，或內容還沒有詳細規劃，暫時不容易做決定，就提出付委動議，交給某委員會，或交付給某人詳細籌備規劃。

例如：舉辦家庭旅遊的提案，因爲大家有空的時間，還沒有喬好，地點去日月潭或去阿里山，一天或兩天，牽涉到經費預算，計畫還不成熟。出席人可以提出，付委動議。

決議：付委家庭聯誼委員會。召開籌備會，詳細評估及規劃行程，下次理事會再提出討論。

■修正動議

會議進行中，修正動議是要修正主動議的內容不完備，所以修正動議，必須和主動議有關，才可以提出。

例如：舉辦家庭旅遊的提案，動議修正地點，把原計畫要去日月潭，修正爲去阿里山。如果有人附議，需要經過表決，如果表決多數通過，就把家庭旅遊的地點，修正爲去阿里山。

■無期延期動議

對不可能執行的動議，或沒有討論價値的動議，或爲了壓制提案人的動議。表面上接受動議，給面子讓動議成案，但不給裡子，動議無期延期，就像被判決無期徒刑的議案。

■收回動議

在會議中討論臨時動議，討論越多、發現執行的困難越多，主席可以請提案人收回動議，不再討論。也要請附議的人，收回附議，當做沒有這個動議。

■分開動議

例如上述：舉辦家庭旅遊的提案，進行中偶然發現計畫一團亂的問題，出席人可以用分開動議，將時間、地點、經費預算，分開

一項一項的討論和表決通過，最後再將時間、地點和經費預算集中一起，再一次總表決通過。

■申訴動議

出席人不服主席對秩序問題或其他事件的裁定，可以提出申訴動議，須有人附議才成立，再說明申訴理由，經過表決，決定申訴成立或不成立。

■變更議程動議

在會議進行中發現，議程要前後對調，先討論後面的議案：政府補助款和募款收入，再討論前面如何執行活動的議案，程序才會順，就是變更議程動議。

■暫時停止實施議事規則一部之動議

因爲社團的背景不同，任務不同，有特殊的需求，或創會訂章程是爲了圓融圓滿會務的推動，不得不違反某些議事規則，解決方法就是暫時停止實施，議事規則第幾條，依社團自治的精神和習慣來執行會務。

■討論方式動議

例如因應冠狀病毒疫情的群聚限制，出席人可以動議，開會討論方式，改用視訊會議的討論方式。

■表決方式動議

社會團體一般會議的表決，只要過半數或多數贊成就通過。如果有爭議的表決，出席人可以動議，表決方式改爲具名投票，把誰贊成和誰反對，都加入會議記錄。動議出席人都可以參加每一案

的表決方式，也是解決理事監事聯席會議，理事、監事職權不同要一起表決的問題，成爲內規。

第三十一條　動議之提出　動議之提出，依下列之規定。

（一）主動議—得於無其他動議或事件在場時提出之。主動議在場待決時，不得再提另一主動議，如經提出，即為不合秩序，主席應不予接述。

（二）附屬動議—得於其有關動議，進行討論中提出之，並先於其所附屬之動議，提付討論或表決。

（三）偶發動議—得視各該動議之性質於有關動議或事件在場時提出之。

■會議進行中，必須一案接一案的處理。甲案討論處理中，還沒有表決的結果，主席不可以再接受乙案的動議提出，必須等到甲案已經有表決結果之後，主席才可以再接受第二個乙案新事件的動議案。這稱爲一時不議二事的原則，只能同一個時間討論一件事。

■附屬動議是會議中，優先正在討論的主動議，例如：安排拜訪機關，出席人可以針對安排拜訪機關的主動議，可以提出附屬動議，包括：散會動議、休息動議、擱置動議、停止討論動議、延期討論動議、付委動議、修正動議、無期延期動議。

■正在討論安排拜訪機關主動議的過程中，針對權宜問題、秩序問題等等偶發動議，出席人可以直接呼喊「主席，權宜問題」、

「主席，會議詢問」主席就必須馬上處理，權宜問題或回答你的會議詢問。

清點人數，也可以直接呼喊「主席，清點人數」不必附議，主席就必須清點人數，但清點人數不屬於偶發動議，也不可以中斷別人發言。

第三十二條　　動議之附議　動議必須有一人以上附議始得成立。主席對動議得自為附議。各種會議，對附議另有規定者，從其規定。下列事項不需附議。

（一）權宜問題。
（二）秩序問題。
（三）會議詢問。
（四）收回動議。

■會議前提出來的動議，稱爲提案，必須有提案人、有附署人才能成案，請秘書處排入議程中。

■附署人也稱爲連署人，在社團提案，只要一人附署就可以了，但各縣市議會或立法院的議事規則，就有規定需要一定額數連署人的規定，不是一人附署就可以。

■理事會，提案人和附署人都必須是具有理事身分。監事或委員會主委或基本會員，則不能提案。

■理事兼秘書長財務長的問題。

1.人民團體法第 24 條，人民團體依其章程聘僱工作人員，辦理會務、業務。

2.社會團體工作人員管理辦法第 3 條，社會團體得置秘書長（總幹事）、副秘書長（副總幹事）、秘書（幹事）、組長、專員、組員、辦事員、雇員或其他適當職稱之工作人員。前項工作人員職稱、員額及資格條件，應配合團體規模、財力及業務需要，由理事會訂定實施；依資格條件遴選工作人員，提經理事會通過後聘僱之。

3.社會團體工作人員管理辦法第 4 條，工作人員不得由選任之職員擔任。

上述規範是指大組織規模的全國性社會團體，其祕書長、財務長是領薪水聘僱的工作人員。但縣市級的社團組織不大，祕書長、財務長沒有薪水，大都由理事身份兼任，不是聘僱關係，最好在章程中自治規定，祕書長、財務長人選是提經理事會或會員大會通過或選舉當選後聘任之。避免無依據，而違反上述第 4 條，工作人員（祕書長、財務長）不得由選任之職員（理事）擔任。

目前部分社團的祕書長、財務長是屬於常務理事，曾擔任過理事的經驗又表現傑出，才獲得下一屆理事長（會長、社長）聘爲祕書長、財務長。

■會員大會，提案人和附署人，基本會員以上均可，但顧問不可以提案。所以，會員大會的提案不一定要先經過理事會通過。但國際同濟會台灣總會的全國會員代表大會提案，要先經過理事會通過，再送議案委員會研議，才向全國會員代表大會提出，否則不得討論，是自律的內規。

■以理事會討論舉辦會員旅遊案爲例，籌備旅遊的總幹事或主委，若不是理事身分就不能提案，必須請一位理事提案、再請另一位

理事附署。到了討論該提案的時候，提案理事先發言，本案籌備總幹事 XXX 比較了解內容，請主席邀請總幹事報告，案情在總幹事說明或回答後，再經過討論就比較容易決議通過。

■臨時動議，只要當場有一位出席人口頭說「附議」就可以成案。如果章程另有規定附議人數，就依其規定。

■國際同濟會台灣總會，章程施行細則，第 4 章會員大會，第 12 條：臨時動議的提出，須經出席會員代表十分之一以上之書面連署，並應於會員代表大會前一天十八小時前向大會提出。

　　國際同濟會台灣總會，每年的全國會員大會，出席人有一千多人，須要出席會員代表十分之一以上之書面連署，現場要提臨時動議並不容易。

■附議人或附署人，都是支持該案的連署人身分。

第三十三條　　動議之程序　動議之程序如下：

（一）動議者向主席請求發言地位。
（二）主席承認動議者之發言地位。
（三）動議者發動議而坐。
（四）附議（以口呼附議為之。）
（五）主席接述動議，並付討論。

■出席人動議要站起來發言或坐著發言，看會場環境，或看主席發言是站起來或坐著發言而定。至於附議，坐著說附議，就可以不用站起來。

第三十四條　　提案　動議以書面為之者稱提案，提案除依特別規定，得由個人或機關團體單獨提出者外，須有附署。其附署人數如無另外規定，與附議人數同。

第三十五條　　不得動議之時　有下列情形之一時，除權宜問題、秩序問題、會議詢問及申訴動議外，不得提出動議。

（一）他人得發言地位時。

（二）表決或選舉時。

■不可以動議的時候是，別人正在發言，或正在進行表決或選舉時。但權宜問題、秩序問題、會議詢問及申訴動議，不管什麼時候都可以提出，但要有理由。

第三十六條　　附屬動議之優先順序　附屬動議優先於主動議。其本身之優先順序如下：

（一）散會動議。（休息動議）

（二）擱置動議。

（三）停止討論動議。

（四）延期討論動議。

（五）付委動議。

（六）修正動議。

（七）無期延期動議。

前項附屬動議，如有順序較低之附屬動議待決時，得另提出順序較高之附屬動議。但有順序較高之附屬動議待決時，不得提出順序較低之附屬動議。

■上述附屬動議的優先順序是依照：一、二、三、四、五、六、七的先後順序。舉例討論：舉辦家庭旅遊案，因為計畫不周全，有出席人提出排列第六的修正動議，修正地點去……。

又有出席人提出，排列第五的付委動議，建議付委給在場，林理事先去籌備，下次會議再提出來討論，第五的付委動議，取代排列第六的修正動議，就不討論第六修正去的地點，而改討論第五付委給在場的林理事先籌備。

但林理事表示：最近工作比較忙，沒有時間籌備而婉拒委任。

又有出席人動議付委，給另一位從事旅遊業的會員進行籌備，但該會員不在場，不知道同不同意？

看似一團亂又無法決定，又有出席人提出，排列第二的擱置動議，擱置不要討論了，取代排列第五的付委動議。

有出席人想當和事佬，不要擱置啦！就動議排列第四的延期討論動議。因為延期討論動議，排列第四，不能取代排列第二的擱置動議，所以主席不能接受延期討論動議。

因為開會氣氛不佳，出席人心煩氣躁，有人乾脆提出，排列第一的散會動議，取代排列第二的擱置動議，且附屬動議優先於主動議，所以就不討論了，進行表決：附屬動議的散會動議，如果較多數通過，就散會不討論了。因為散會未決的家庭旅遊案，下次會議可再重新討論和表決，計畫內容就要比較周詳再提出。

■要背附屬動議之優先順序，參考口訣：散哥停演付修無、或上歌廳遠赴休無，取代：散會動議、擱置動議、停止討論動議、延期討論動議、付委動議、修正動議、無期延期動議，散、擱、停、延、付、修、無。

第三十七條　　散會動議　議案進行中，得提出散會動議，如得可決，應即宣布散會。散會時，未了之議案，應於下次會中繼續討論。

■會議進行中，出席人提出散會動議，有人附議，就要進行表決，如果表決較多數同意，就不再討論，主席必須宣布散會。

■因爲散會動議來的突然，如果馬上通過散會，那什麼時候再開會，就會遙遙無期，有經驗的主席，在還沒有徵求附議之前，要說明馬上散會的利害關係，建議是否收回散會動議，改延期討論動議，可以決定延期討論的時間，再散會。

■散會後依法定程序，會員大會在 15 日前，理事會在 7 日前，再寄開會通知，就可以再開會。

■提出散會動議的時機，必須沒有人正在發言中、或正在進行選舉或表決、或正在處理偶發動議：權宜問題、秩序問題、會議詢問、申訴動議，以上各項還沒有解決的時候，是不可以提出散會動議。

第三十八條　　擱置動議與抽出動議　擱置動議如經通過，應將其所指之本題，及有關之附屬動議，一併擱置之。
擱置之議案，得於本會期中動議抽出之。
抽出動議之提出，得於無其他動議或事件在場時行之。

抽出動議通過後，應由原案擱置時所在之秩序，繼續進行。

■一個議案討論很久，如出席人產生厭煩之心，而提出擱置動議，就是緩議、保留以後再討論的意思。將討論中議案的附議、付委或修正等等討論內容一併擱置冷凍起來。

■擱置的議案，社團可以在同一屆的會期中，可以抽出再討論。在社團的本會期，是指同一理事長（會長、社長），同一屆別的任期內都是本會期。

■在同屆會期內，出席人可以提出抽出動議，將擱置的議案抽出，有人附議，就進行表決，如果表決多數同意抽出動議，原來擱置保留的議案內容，恢復繼續討論及再表決。

第三十九條　停止討論動議　議案討論中，得提出停止討論動議，如得可決，議案應立付表決。

■議案經過適當的討論之後，避免主席沒有控制發言時間，造成冗長的討論，出席人可以高喊主席，本席動議停止討論，主席詢問有沒有人附議？如果有人附議，就進行表決，如果多數同意，就停止討論。如果沒有多數通過，就繼續討論。

第四十條　延期討論動議　議案進行中，得提出延期討論動議，如得可決，議案應俟指定時間重行處理。

■議案進行中，發現議案說明辦法的內容不完善。出席人可以動議延期討論，請提案人詳細規劃後，再提出來討論。

■避免不知道延期到什麼時候，沒有時間限制，有經驗的主席，要主動接述動議建議延期到某年某月，什麼時間，什麼地點，再討論。時間地點出席人是可以修正討論。

■大約有共識了，主席才詢問延期討論有沒有人附議？如果有人附議，就進行表決，如果多數同意，就停止討論，延期到某時間、某地點再討論處理。如果沒有多數通過，就繼續討論。

第四十一條　　無期延期動議　議案進行中，得提出無期延期動議，如得可決，議案視同打銷。

■無期延期動議，就是這一會期的無期徒刑。就是社團這一屆會期中，不可重提。若要救回來必須等到下一屆，用特別主動議中的復議動議。不要把會議規範搞得很複雜，並不是每一個人都很熟悉會議規範。其實等到下一屆由新成員、重新提案討論就好，避免攪動舊事恩怨。

第四十二條　　動議之收回　動議未經附議前，得由動議人收回之。

動議經附議後，非經附議人同意，不得收回。

動議經主席接述後，原動議人如欲收回，須經主席徵詢無異議後行之，如有異議，由主席逕付表決定之。

動議經修正者，不得收回。

■動議還沒有人附議，表示議案還沒成立，主席可以同意，動議人自行收回動議。

■開會中的動議，已經有人附議了，突然動議人想要收回動議，主席要詢問附議的人，你的附議要收回嗎？如果附議的人說：收回附議，動議人才可以收回動議。

■動議已經有人附議了，主席也接述說明了，動議人想要收回動議，主席詢問出席人有沒有異議，如果出席人有異議，就要進行表決，確定收回動議是否通過。如果沒有通過收回動議，動議案就繼續進行討論。

■動議案經過討論被修正過了，已經變成另一個新的提案，原來的動議人就不能收回。

■如果動議案被收回，會議記錄就不用寫，當做沒有這一案。

第四十三條　　提案之撤回　提案在未經主席宣付討論前，得由提案人徵求附署人同意撤回之。
提案經主席宣付討論後，原提案人如欲撤回，除須徵得附署人同意外，並須由主席徵詢全體無異議後行之。
提案經修正者，不得撤回。

■撤回，須附署人同意，並由主席徵詢全體出席人無異議，就可撤回。

■收回，須附署人同意就收回，如果出席人有異議，進行表決，確定是否收回。

第四十四條　　動議之分開　動議具有數段性質者，得由主席或出席人動議分開討論及表決。動議經分開表決後，仍應將全案提付表決。
動議之各部均經否決者，該動議視為整個被否決。

■動議內容比較複雜時，例如：活動舉辦的，時間、地點、預算、工作人員編組等等，是可以分開一項一項的討論、修正，和一項一項的表決通過，就是動議之分開。

■如果活動舉辦的，時間、地點、預算、工作人員編組等等，一項一項分開表決，都被否決，等於這個舉辦活動的動議，整個被否決。

陸、討論

第四十五條　　動議之討論　動議之討論，應依優先秩序，逐一進行，在同一時間，不得討論二動議。如有違反前項情事發生，主席應予制止或不予接述。

■發言討論是出席人的基本權利。會議規範第二十條規定：出席人有發言、動議、提案、討論、表決及選舉等權利。

■一個動議案在場，正在討論中，出席的人只能針對這個案，贊成、反對或提出修正內容的意見一起討論。和本案無關的新議題或第二個新動議，不可以提出，如果有人用動議提出來，主席不可以接受，必須拒絕新的動議。同一個時間不可以討論兩個議案。

■如果主席不小心疏忽或要當好人，接受了新的動議，怎麼辦？
出席人可以用偶發動議的秩序問題，制止主席。喊：主席，秩序問題，原討論案還沒有結束，主席不可以接受新的動議。

■必須等到原討論案表決結束了，主席才可以再接受新提出的動議。

第四十六條　討論之程序　內容複雜或條文式之議案，得先就全案要旨，廣泛交換意見，其次分章分節，依次討論，每一章節，應逐條逐款，順序進行俟議案全部討論完竣，最後再將全案舉行表決。

議案之討論，已進行至在後之章節條款時，不得將業經通過在前之章節條款，重行提出討論，但如因在後之章節條款，有所變更，致在前有關之章節條款，確有變更必要者，得於全案討論完竣時，再將該項章節條款，提出討論之。

標題之討論，應在全部條文或內容表決後行之。如有前言，應先於標題討論之議案經廣泛

交換意見後，如認為無成立必要，得由出席人提議，參加表決多數之通過，否決之。

第四十七條　　讀會　立法機關於法律規章及預算案之討論，以三讀會之程序為之。

（一）第一讀會：於議案列入議程後，由主席宣讀議案標題行之，如全案內容有宣讀之必要，應指定秘書或紀錄為之。

議案於朗讀標題後，應交付有關委員會審查，或經大體討論後，決議不經審查，逕付二讀或撤銷之。

（二）第二讀會：於各委員會審查之議案，或經大會決議不經審查逕付二讀之議案，提付大會討論時行之。

第二讀會應將議案逐條朗讀，提付討論，或就原案要旨，或委員會審查意見，先作廣泛討論。

第二讀會，就原案要旨或委員會審查意見，廣泛討論後，得經出席人提議，參加表決之多數同意，將全案重付審查。

第二讀會，得將修正之條款文句交有關委員會，或指定人員整理之。

（三）第三讀會：於第二讀會之下次會議行之，但由出席人提議，並經參加

表決之多數同意，得於二讀後，繼續進行三讀。
第三讀會除發現議案有互相牴觸，或與憲法及其他法令規章相牴觸應修正者外，只得為文字之修正，不得變更原意。議案全部處理完竣後，應將全案付表決。

■社團的會議程序，沒有一、二、三讀會。

第四十八條　不經討論之事項　下列動議不得討論：
（一）權宜問題。
（二）秩序問題。
（三）會議詢問。
（四）散會動議。
（五）休息動議。
（六）擱置動議。
（七）抽出動議。
（八）停止討論動議。
（九）收回動議。
（十）分開動議。
（十一）暫時停止實施議事規則一部之動議。
（十二）討論方式動議。
（十三）表決方式動議。

■如果有出席人提出以上 13 種的動議，除了權宜問題、秩序問題、會議詢問，由主席裁定答覆以外，不得討論，應馬上進入表決，該動議是通過或否決。

柒、修正案

第四十九條　修正案提出及處理之方式　修正案之提出及處理，可分為甲乙二式。各種會議，得採用任何一種行之。但同一次會議中，以採用同一種方式為限。

■修正案可以分爲甲式、乙式兩種方式。

◎甲式

依據民權初步爲藍本的模式，針對提案主動議，內容，時間、地點、經費預算，分別一項一項的動議修正，處理上井然有序。

◎乙式

針對主動議提案，將一項、多項或全部內容，一起全部動議修正，又稱爲多種修正案或並列修正案，處理上是比較繁雜的修正案。

■修正案的原則，可以和主動議有衝突，但不可以否決主動議的效果或本意。

■針對提案主動議的文字：舉辦家庭旅遊，出席人可以動議修正，增加「春季」兩個字，修正爲：舉辦春季家庭旅遊。

不可以有違反本意的修正動議，例如：增加「不」字，修正爲：不舉辦家庭旅遊，主席就不可以接受該動議。

■以假設舉辦家庭旅遊爲例的主動議，時間 4 月 5 日、地點：臺北市動物園、經費：由本會聯誼預算支付。

◎有人動議修正舉辦時間：爲下週日 2 月 28 日，有人附議，進行討論，成爲第一修正案。

◎又有人覺得下週日舉辦太快了，動議修正爲下個月第三個禮拜天 3 月 21 日舉辦，不是連續假期動物園參觀的人比較少，是第二修正案。

◎又有人覺得第二修正案不好，再提出第三修正案。因爲修正案只有第一修正案和第二修正案兩級，主席不可以接受第三修正案，才不會離題太遠。必須先表決第二修正案，才可以再提出同級的第二修正案。

◎表決第二修正案，如果通過，舉辦日期 3 月 21 日就取代第一修正案 2 月 28 日，變爲修正後的第一修正案。

舉辦日期 3 月 21 日成爲修正後第一修正案，再經過討論，最後再透過表決，如果獲得多數贊成，3 月 21 日就取代主動議提案的 4 月 5 日。

◎3 月 21 日變爲修正後主動議的舉辦日期。

◎如果有其他第一修正案再提出，如上面，再討論和再表決，繼續循環。

◎如果沒有其他第一修正案再提出，就將修正後主動議，舉辦日期 3 月 21 日提付表決，如果獲得多數贊成通過，就成爲決定舉辦的日期。

◎如果表決沒有通過，就不舉辦了。

◎修正案只有第一修正案和第二修正案兩級。第一修正案是修正的起點，提第二修正案，經過表決又回到第一修正案，可以多次、一再提第二修正案，重複循環回到第一修正案。

◎主席要控制會議時間，可以宣布同一項討論，第二修正案最多提兩次就好了。會議時間才不會拖延太久。

◎另一種可能，如果有人對舉辦日期 3 月 21 日修正後的第一修正案，還有意見，可以再一次動議第二修正案，修正爲5月1日。一樣經過討論，再表決，如果通過，舉辦日期 5 月 1 日變爲再度修正後的第一修正案。

5月1日再度修正後的第一修正案，再討論，再表決，如果獲得多數贊成，5月1日變爲修正後主動議的舉辦日期。如果表決沒有通過，就不舉辦了。如果通過 5 月 1 日就成爲舉辦的日期。

■甲式

針對時間表決通過了，再針對地點及經費預算，經過第一修正案、第二修正案，一項一項的討論再表決，井然有序的議程方式。

■乙式

第一修正案，就是針對主動議提案的內容一一動議修正：

時間，修正爲兩週後的禮拜天 3 月 14 日

地點，修正爲去日月潭

經費預算，修正爲只招待會員，眷屬或朋友參加每人酌收一千元補貼。

經過討論，再表決。

不要一項一項分開討論和表決，稱爲乙式。

◎第二修正案，可能時間不修正

地點，修正爲去墾丁

經費預算，不修正

主席徵詢誰有意見，討論後，再表決，如果獲得多數贊成，變爲修正後的第一修正案。

◎修正後第一修正案，再討論，再表決，如果獲得多數贊成，就變爲修正後的主動議。如果沒有其他第一修正案，再提出，就將修正後的主動議，再提付表決，如果獲得多數贊成，就成爲決定舉辦的時間、地點和經費預算。

◎乙式，每次修正的時間、地點和經費預算，都不一樣，可以多次再提第二修正案，重複循環，回到第一修正案的機會比較多，內容也比較複雜。

第五十條　修正案提出及處理之甲式　修正案提出及處理之甲式，依下列各款規定行之：

（一）修正之方法：

甲、加入字句。

乙、刪除字句。

丙、刪除並加入字句。

修正案得與本題相衝突，但必須與本題有關，方得提出。

例如：「通過擁護節約運動」一本題，得動議將「擁護」二字修正為「反對」二字是。

凡加入或刪除一「不」字之修正案，而有否決本題之效果者，不得提出。

例如：「響應提倡食用糙米」一本題，不得動議修正在「響應」之上，加入一「不」字是。

■這裡以後出現的本題，就是前面的主動議。

（二）修正之範圍　正案得對本題一部分字句，或不限於一部分字句，予以增刪補充提出之。例如：「設一圖書閱覽室供會員之用」一本題，得動議在「圖書」二字之下，加入「雜誌」二字，或同時將「會員」二字刪除，而加入「員工及其家屬」六字是。

（三）第一修正案及第二修正案之提出　本題進行討論中，正反兩方意見未決前，對本題提出之修正，稱第一修正案。
第一修正案進行討論中，正反兩方意見未決前，針對第一修正案部分提出之修正，稱第二修正案，或修正案之修正案。

（四）同級修正案之提出　一修正案未決前，不得提出另一同級之修正案。
第一修正案表決後，方得另提其他第一修正案。
第二修正案表決後，方得另提其他第二修正案。

（五）先事聲明　凡欲提修正案，而不在前款所定之秩序者，得將所欲提之案，先事聲明，以供出席人於表決時，為贊成與否之考慮與抉擇。前項經先事聲明之案，至合於秩序時，有優先提出之地位。

（六）修正案之討論　第一修正案提出後，本題之討論即暫行中止，應將該第一修正案優先提付討論，如有第二修正案提出，第一修正案之討論即暫行中止，應將該第二修正案優先提付討論，如無第二修正案提出，即將第一修正案提付表決。

（七）修正案之處理　有修正案之動議，其處理依下列順序：
甲、第二修正案。
乙、第一修正案。
丙、本題。
第二修正案經討論後，即提出表決，如經可決即納入第一修正案，而變為修正後第一修正案。
對前項修正後之第一修正案，如尚有修正意見提出，即為其他第二修正案。如又經可決，即納入該項修正後之第一修正案，而變為再度修正後之第一修正案。

對前項再度修正後之第一修正案，得再提其他第二修正案。其處理如前，直至再無其他第二修正案提出時，即將最後修正之第一修正案，提付表決。

前項表決結果，如又為可決，即納入本題，而變為修正後之本題。

對前項修正後之本題，如尚有修正意見提出，即為其他第一修正案，如又經可決，即納入該項修正後之本題，而變為再度修正後之本題。

對前項再度修正後之本題，得再提其他第一修正案，其處理如前，直至再無其他第一修正案提出時，即將最後修正之本題，提付表決。

第二修正案如經否決，並無其他第二修正案提出時，即將第一修正案提付表決，第一修正案如經否決，並無其他第一修正案提出時，即將本題提付表決。

（八）替代案　凡提出修正案，以全部代替原案而仍與原案主旨有關者，稱替代案。

例如：「設立幼稚園一所，以供本會會員子女之用」之案，得提替代案為「交由會長調查設幼稚園需費若干，並研議款項之來源」。

（九）替代案之提出　提代案得於本題進行討論中，或於第一或第二修正案在場時提出之。
對於替代案得提修正案，其處理適用修正案處理之方式。

（十）替代案之處理　替代案提出後，應予以優先處理。替代案如獲通過，倘係於本題進行討論中提出者，本題即被打銷；倘係於第一或第二修正案在場時提出者，本題及第一、或第二修正案均被打銷；替代案如被否決，仍回復至其提出時，原案所在之秩序，繼續進行。

第五十一條　修正案提出及處理之乙式　修正案提出及處理之乙式，依下列各款之規定行之：
（一）修正案之提出　對於本題之一部分數部分或全部得提出多數修正案。較繁複之修正案，必要時應以書面方式繕成完整之提案提出之。

（二）委員會之整理　對同一本題之修正案，複雜繁多時，得由大會決議交特設委員會，綜合整理為各種性質互異，界限分明之案，送還大會，討論表決。

（三）修正案之討論及表決　修正案之討論，與本題同時行之，其表決應先於本題行之。
對本題有兩個以上之修正案提出時，其討論之秩序，依提出之先後行之；其表決之次序，應就其與本題旨趣距離最遠者，最先付表決，次遠者次付表決，依此類推，直至所有修正案盡付表決為止。
多數修正案之一，如獲通過，勢須否決另一修正案者該另一修正案不再付表決。

（四）本題之表決　一項或數項修正案，如獲通過，應再將修正後之本題，提付表決。修正案均被否決時，應將本題提付表決。

（五）分部表決　修正案之各部分，得分別付表決。修正案經分部表決後，應將通過之各部分，納入原案，提

付表決。修正案之各部分，均經否決者，該修正案視為整個被否決。

■以舉辦家庭旅遊爲例，修正的時間被否決、地點也被否決，等於修正案整個被否決，回到原本的提案。

（六）修正案之乙式，其修正之方法與範圍與甲式同。

第五十二條　修正動議之接納　修正動議，得由原動議人自動接納，經接納後之修正動議，成為原動議之一部分，應併入原動議中，提付討論及表決，毋須分別處理，出席人有反對接納者，仍應提付討論及表決。

■以舉辦：家庭旅遊爲例，有出席人提修正動議，增加舉辦當月慶生活動。有人附議接納舉辦當月慶生活動。

主席接述，將當月慶生活動。併入原動議中，修正爲：舉辦家庭旅遊及當月慶生活動。當月慶生活動就不用另外舉辦。

第五十三條　關於人選、款項、時間、數字等，依提出之先後順序，依次表決至通過其一為止。

第五十四條　不得修正之事項　下列各款不得修正：

（一）權宜問題。

（二）秩序問題。

（三）會議詢問。

（四）申訴動議。
（五）散會動議。
（六）休息動議。
（七）擱置動議。
（八）抽出動議。
（九）停止討論動議。
（十）無期延期動議。
（十一）收回動議。
（十二）復議動議。
（十三）取銷動議。
（十四）暫時停止實施議事規則一部之動議。
（十五）討論方式動議。
（十六）表決方式動議。

捌、表決

第五十五條　表決之方式　表決應由主席就下列方式之一行之，但出席人有異議時，應徵求議場多數之意見決定之。

（一）舉手表決。（或用機械表決。）

■常見開會是以鼓掌通過，但鼓掌通過是不正確、不合法的表決。國父孫中山先生的「民權初步」有提醒，鼓掌在我國或西方國家都是爲了讚揚的習慣。鼓掌通過易混亂耳目，使會眾無所適從，所以今後懂會規範的人、主席或參加會議，不要用鼓掌通過。唯一是議案獲得通過，令人開心而鼓掌慶祝，而不是鼓掌通過。

■機械表決，立法院或各縣市議會席位的桌子上有贊成或反對的按鍵，各出席人依自己意思表達，按下去贊成或反對的按鍵，大會銀幕上就會顯示贊成和反對，是記名投票，也便利票數的統計。

■筆者去美國，參加國際同濟會世界年會，開會之前分給每一位出席人一個遙控器，表決的時候，贊成按 YES 鍵，反對按 NO 鍵，銀幕上贊成和反對的數字，就會因多人按鍵一直更新，最後把表決贊成和反對的結果，顯示在大會銀幕上，也是機械表決，但此系統不是記名投票。

（二）起立表決。

■主席請贊成的人起立，計算贊成的票數，再請反對的人起立，計算反對的票數，就是用清點起立的人數做表決。

（三）正反兩方分立表決。

■主席請贊成的人到議場的右邊排隊，反對的人到左邊排隊，棄權的人到後面排隊，再清點人數的表決。這是英國採用的一種表決方法，台灣的社團沒有這樣使用。

■筆者去日本，參加國際同濟會世界年會，進行到討論提案時，主席請要發言的人，贊成要發言的人，到議場右邊，有麥克風處排隊，反對的人到議場左邊，有麥克風處排隊。

主席先請贊成方的第一位發言後，主席再請左邊反對方的發言，贊成和反對的一位一位的來回輪流發言，等正反兩方都開發言完畢，最後再表決。

（四）唱名表決。唱名表決之方式，如經出席人提議，並得五分之一以上之贊同，即應採用。出席人應名時，應起立答應「贊成」，「反對」或「棄權」。如未應名，再唱一次，但不得三唱。

■依照出席簽到名冊的順序，主席可以請司儀，一位一位的唱名，被唸到姓名的出席人，要起立回答：贊成、反對或棄權，再統計贊成、反對的票數。

如果唱名時，沒有人回應，可能當時不在現場或沒有聽到，可以再唱名第二次，但不可以再唱名第三次。

（五）投票表決。前項第五款，除對人之表決應採無記名投票外，對事之表決，以記名投票表示負責為原則。

■無記名投票，能夠保護投票人，避免人情的干擾或威脅利誘，本著良心、自主公正的投票。

■記名投票，是投票人爲了表示負責、謹慎的投票，對自己的投票負責，但也有缺點，成爲作弊或收受賄賂看有沒有跑票的依據。

第五十六條　　通過與無異議認可

（一）通過　以表決之方式，獲得多數之贊同者。

（二）無異議認可　第六十條所列之事項，得由主席徵詢議場有無異議。稍待。如無異議，即為認可。
如有異議，仍須提付討論及表決，但經主席徵詢無異議並已宣佈認可後，不得再行提出異議。
無異議認可之效力與表決通過同。

■臺灣很多團體習慣用不合法的鼓掌通過，如果全體出席人，沒有異議，當然也是決議。最好是主席請大家舉手表決，又有人不習慣或懶得舉手。所以常用此條規範的應用，詢問有沒有異議、有沒有反對，如果靜悄悄，停一下約 3 秒，左右看一下，沒有任何人提出反對或異議，主席就宣布本案無異議：通過。

宣布：無異議，停 1、2 秒鐘一下子、再宣佈：通過。不是宣布：無異議通過，一連串話。

因爲依會議規範，開會做成正確決議的種類有：可決（就是通過、修正後通過）、否決（不通過的意思）、擱置、延期、付委、收回、無期延期等 7 種選項。會議規範，沒有常見的「鼓掌通過」、「無異議通過」的名詞，所以符合會議規範的偷吃步、取巧方式，就是主席宣布本案無異議：通過。

■無異議、通過。就是出席人的一種默認，和舉手表決的效力是相同的。

臺灣很多社團用臺語開會，無異議的臺語很繞口，有無異議的臺語就是沒有反對的意思，會議規範可以因地制宜，用適合當地人的語言開會使用，所以主席要問有無異議，可以用白話問有反對的嗎？是出席人聽懂的語言。

■每次會議有：確認本次會議議程、宣讀上次會議記錄時，主席詢問有沒有異議、有沒有反對意見，如果沒有任何人提出反對，就宣布：無異議認可。在確認本次會議議程及宣讀上次會議記錄，這兩項是用「認可」，認爲可以的意思。

■民法，第 1 條：民事，法律所未規定者，依習慣；無習慣者，依法理。內政部的會議規範，只是規範並不是法律，並沒有強制力。民法是法律，未規定者，依習慣位階高於規範。

所以，只要出席人同意、聽懂、沒有反對。及會議規範第 58 條的規定是：表決除本規範及各種會議另有規定外，以獲參加表決之多數爲可決。就是爲該團體處理議事，約定俗成的共識決議習慣，或團體另外自訂會議規則，決議用白話說就是：通過或修正後通過，代替可決。用白話的不通過，代替否決。增加無異議：通過。至於「鼓掌通過」還是不要採用，因不符合議事的精神。

第五十七條　兩面俱呈　表決應就贊成與反對兩面俱呈，並由主席宣布其結果。

■基於民主精神，討論議案時，主席要接受不同的意見，所以主席宣布本案進行表決，贊成的請舉手……，反對反對的請舉手……，就是兩面俱呈。

最後主席宣布：本案表決的結果：贊成 XX 票，反對的 XX 票，贊成多於反對，本席宣布：本案通過；或反對多於贊成，本席宣布：本案不通過（否決）。

■主持會議是有技巧的，例如：理事會共 9 席，都有出席。主席問贊成的請舉手，只有4位舉手，主席以沒有超過半數5位爲理由，

宣布本案沒有通過，就是偷渡的技巧，也不符合兩面俱呈的精神。

其實另有玄機，因爲可能還有出席人是棄權，所以表決最好要兩面俱呈，主席若再問，反對的請舉手，有 3 位舉手。理事 9 位出席，扣掉沒意見棄權 2 位，本案表決的結果：贊成 4 票，反對的 3 票，贊成多於反對，所以本案是通過的。讀者要特別注意，出席會議或主持會議，主持會議的技巧，是可以影響開會的結果。

第五十八條　可決與否決　表決除本規範及各種會議另有規定外，以獲參加表決之多數為可決，可否同數時，如主席不參與表決，為否決。
參加表決人數之計算，以表示可、否兩種意見為準。
如以投票方式表決，空白及廢票不予計算。

■可決就是贊成、通過，否決就是反對、不通過。

■例如：理事會共9席都有出席，扣除主席，有8位參與討論表決。如果贊成 4 票、反對 4 票，贊成和反對的票數相同。這個時候，主席這 1 票如果贊成，贊成變成 5 票、反對 4 票，該案就通過。

這個時候，主席 1 票如果棄權不表示，贊成仍然 4 票、反對 4 票，同票數該案就不通過。

■同樣理事會共 9 席都有出席，如果贊成 3 票、反對 2 票，其他棄權沒意見不計算，雖然沒有過半數 5 票，但贊成 3 票多於反對 2 票，該案還是通過。

■同樣理事會共 9 席都有出席，如果表決贊成 1 票，主席詢問有沒有反對，結果沒有人反對，議場靜悄悄，反對 0 票，主席就可以宣布本案：通過。因爲沒有人反對，等同無異議，所以產生贊成 1 票也可以通過的現象。

第五十九條　表決之特定額數　下列各款，須分別達到其特定額數，方為可決：

（一）須得參加表決之四分之三以上之贊同者。

甲、關於變更團體宗旨或目的之表決。

乙、關於團體解散之表決。

（二）須得參加表決之三分之二以上之贊同者。

甲、關於修改團體組織或議事規則之表決。

乙、關於罷免會員之表決。

丙、關於處分團體財產之表決。

丁、關於已通過議事程序變更之表決。

戊、暫時停止實施議事規則一部之動議之表決。

巳、停止討論動議之表決。

■以上項目，是發生在會員大會的重大議案，規定要當場參加表決的四分之三以上或三分之二以上的贊同，才能通過。而社團理事會的普通議案，是以出席人總數的過半數、或較多數贊成，就通過。

■所謂過半數通過，是二分之一，再加一以上的贊成，就是通過。

第六十條　　無異議認可之事項　下列各款，得由主席徵詢全體出席人意見，如無異議，即為認可，如有異議，仍應提付討論及表決。

（一）宣讀會議程序。

（二）宣讀前次會議紀錄。

（三）依照預定時間宣布散會或休息。

（四）例行之報告。

第五十八條，所定以獲參加表決之多數為可決之議案，得比照前項規定以徵詢無異議方式行之，但主動議及修正動議，不在此限。

■上列四項，主席問有沒有異議？如果沒有人有異議，沒有聲音，就是全體無異議，不用表決，直接宣布：無異議認可。

第六十一條　　重行表決　出席人對表決結果，發生疑問時，得提出權宜問題，經主席認可，重行表決，但以一次為限。

■假設有出席人認爲，案由三的表決計算有錯誤，可以提出「權宜問題」，經主席認可，就重行表決。

■如果主席認爲，表決結果沒有錯誤，可以裁定，權宜問題不成立。而動議人仍不服主席裁定權宜問題不成立，就可以進一步再提出「申訴動議」。

申訴動議，是要大家討論後，再進行表決，就不是主席一個人說了就算。如果申訴動議表決，沒有通過，就維持主席裁定的權宜問題不成立。

如果申訴動議表決，通過，表示否定主席對權宜問題的裁定，主席就必須道歉並針對案由三，再表決一次。

玖、付委及委員會

第六十二條　　議案之付委　議案全部或其一部，得經大會決議，交付委員會處理之。付委案件，有修正案未決者，應一併付委辦理。議案內容，包括數種不同性質，得分交數委員會。

■以舉辦社團 20 週年慶典為例。因為活動規模龐大，涉及不同領域的問題，所以決議，交付各委員會，籌備處理，再向大會提出詳細計畫和報告。

場地的問題，交付公關委員會，接洽可借的場地並做出評估報告。

因為需要比較多的經費，交付財源開發委員會，尋求贊助及開發財源。

20 週年慶典特刊的編輯，交付編輯委員會，收集歷屆照片資料及編輯。

人力組織編制，交付秘書長，協調會員分組，大家分工合作完成慶典的工作。

第六十三條　委員會之種類　委員會之種類如下：

（一）常設委員會　永久性之議事機關，得置各種常設委員會。常設委員會得定期舉行改選。

（二）特設委員會各種會議，對特種案件，得特設委員會處理之，於該案件處理完竣後，委員會因任務終了，而當然結束。

（三）全體委員會各種會議於審查重要案件時，為使出席人均有暢所欲言之機會，及盡可能獲得大多數或全體一致之見解，得以出席人全體，舉行全體委員會。全體委員會於該案審查完竣，即行結束。

（四）綜合委員會永久性之議事機關，或大規模之會議，得設綜合委員會，處理有關大會會務之重大問題或事件，建議大會採納之。

■在社團新上任理事長（會長、社長），可以提出希望成立：某某委員會，聘請某某某爲委員會主委的構想，向理事會提出，並獲得通過就執行，因爲該屆的成敗，是由理事長（會長、社長）主導和負責。

比較少透過會議，由大家去決定要不要成立那些委員會，要聘誰當主委？新一屆會務推動的組織架構，還是新理事長（會長、社長）的構想藍圖爲主。除非新任會長沒有構想，才會有人建議我們爲了要做什麼事，應該增加某某委員會，可以找誰來擔任主委……。

■委員會，是可以當做主持會議技巧的訓練。如果會長擔任主席，發現這個案子將會被否決，可以利用交付委員會研究，先逃過一劫，以後再溝通協調，說不定還有救回來的機會。

■另一種情形是，會長主席不想這個議案馬上被通過，就交付給某一委員會，去討論或審查，藉此拖延時間，甚至於不再督促委員會運作，讓此案束之高閣，無疾而終，大家忘了此案的存在，都是議事運作的技巧。

第六十四條　　委員之產生　委員會之委員，除有特別規定外，由大會推選之，或由大會授權主席指定，提經大會同意之。

第六十五條　　委員會召集人及主席　委員會之召集人，由大會推定或由委員會委員互選，或由大會授權主席指定之。

委員會之主席，除法令另有規定，或另有成例外，得由召集人充任，或於委員會開會時，由委員互選之。

全體委員會開會時，應另推選主席，原大會主席應暫行退位，俟全體委員會結束，大會復開時，再行復位。

■台灣社團委員會的召集人或主委（主任委員），大都是理事長（會長、社長）提名，經理事會通過才聘任。很少任由大會決定，因爲理事長（會長、社長）爲了實踐政見或抱負，有權安排理想的人選，成立堅強的團隊。

■國際同濟會台灣總會，只有長期策略委員會和財務稽查委員會的主委是由委員會的委員互選產生，其餘數十個委員會主委的聘任權，是由候任總會長從會員中適才適用聘任，並經理事會通過。

■臺灣社團沒有設立全體委員會，因爲全體會員等於會員大會，就是全體會員都出席了，其決議也不能改變會員大會的決議，既然全體會員出席，就召開臨時會員大會效益更好。

第六十六條　委員會之議事及表決　委員會之議事，應遵守一般會議規則，但不受發言次數之限制。委員會之表決，除有特別規定外，以獲出席人過半數者為可決。

第六十七條　邀請列席人員　委員會開會時，得邀請有關人員列席，就所議事項提供書面報告或意見，並予列入會議記錄。

第六十八條　付委案件之處理　委員會對付委案件，得予增刪修正，但委員會對全案認為無修正必要時，得以原案送還大會，並敘明其理由。委員會之討論程序，準用第四十六條之規定。

■委員會，籌備或審查結果，做成書面報告，向大會提出，主席就要提出討論，處理的方式如下：

1.存查：已達到提供研究調查資料的目的，且沒有執行必要，就存查。

2.追認：針對財務報表及帳冊的審查，確實無誤，大會就追認通過。

3.否決：內容與大會付委目的不同或背道而馳，大會可否決，不承認。

4.部分採納：大會採納部分內容，部分退回再修正或由大會做修正。

5.重付審查：大會認爲內容需要再重新修正，退回重付審查。

6.延期討論：出席人認爲尚有新資料可補充，有新規劃、新趨勢，需要深入再了解，就延期再討論。

第六十九條　對委員會之指示　議案付委時，得由大會附加各項原則性之指示，交由委員會遵照辦理。

第 七 十 條　名稱不得修正　委員會對付委案件之名稱，不得修正。但認為確有修正之必要，得向大會建議之。

第七十一條　不得修改原件　委員會審查案件時，應另作紀錄，不得就原件增刪修改。

第七十二條　委員會之報告及少數異見之報告　付委案件辦竣後，應將結果向大會提出報告，委員會

中有少數異見者，得另提少數異見之報告，以供大會參考。

第七十三條　委員於大會發言之限制　委員於大會討論委員會之報告或少數異見之報告時，除預先在委員會聲明保留發言權者外，不得為與委員會報告相反之發言。

第七十四條　報告之解釋　委員會主席或報告人，為解釋委員會之報告，得優先發言。

第七十五條　重行付委　大會對委員會之報告，得予採納修正或不予採納，並得將原案全部或一部交原委員會，或另行指定委員組織委員會重行審查。

第七十六條　不得對外公布報告　委員會非經大會許可，不得對外公布其報告。

第七十七條　付委案件之抽出　委員會對付委案件延不處理時，得經大會出席人之提議並獲參加表決之多數通過，將該案抽出，另行組織委員會審查或由大會逕行處理之。

拾、復議及重提

第七十八條　提請復議之理由　議案經表決通過或否決後，如因情勢變遷或有新資料發現，認為原決

議案確有重加研討之必要時，得依第七十九條之規定提請復議。

■復議是因爲情勢變遷或有新資料發現，認爲原決議，考慮有欠周詳，有重新檢討必要的補救辦法。

第七十九條　提請復議之條件　決議案之復議，應具備下列條件：

（一）原決議案尚未著手執行者。

（二）具有與原決議案不同之理由者。

（三）須提出於同次會或同一會期之下次會，提出於同次會，須有他事相間，提出於下次會，須證明提出人係屬於原決議案之得勝方面者，如不能證明，應得議決該案之會次出席人十分之一以上之附議，並列入再下次會議事日程。前款附議人數，如另有規定者，從其規定。

■上述（三）……就是在同一次理事會議中，發現發現剛剛的決議不妥，想要復議，不可以馬上提復議，必須至少間隔另外一個議案討論完了以後，或下次會議才可以提出復議。

第八十條　復議動議之討論　復議動議之討論，僅須對原決議案有無復議之必要發言。其正反兩方之發言，各不得超過兩人。

第八十一條　　不得再為復議　復議動議經否決後，對同一決議案，不得再為復議之動議。

第八十二條　　不得復議之事項　下列各款不得復議：

（一）權宜問題。
（二）秩序問題。
（三）會議詢問。
（四）散會動議之表決。
（五）休息動議之表決。
（六）擱置動議之表決。
（七）抽出動議之表決。
（八）停止討論動議之表決。
（九）分開動議之表決。
（十）收回動議之表決。
（十一）復議動議之表決。
（十二）取銷動議之表決。
（十三）預定議程動議之表決。
（十四）變更議程動議之表決。
（十五）暫時停止實施議事規則一部之動議之表決。
（十六）討論方式動議之表決。
（十七）表決方式動議之表決。

■例如：散會動議，經過表決通過，主席宣布散會。如有出席人想繼續開會，不能用復議，想改變散會動議之表決。

■可以提出復議的是：主動議、一般主動議的表決。附屬動議的：延期討論動議的表決、付委動議的表決，無期延期動議的表決，及修正動議的表決。

■例如：擱置動議的表決，不能復議，但可以改用「抽出動議」，來達到再討論或改變決議的目的，就是熟悉議事運作的技巧之一。

第八十三條　　重提　下列動議如被否決，於議事情況改變後，可以重提：

（一）權宜問題。
（二）散會動議。
（三）休息動議。
（四）擱置動議。
（五）抽出動議。
（六）停止討論動議。
（七）延期討論動議。
（八）付委動議。
（九）收回動議。
（十）預定議程動議。

■假如會議中，有出席人曾經提出「散會動議」，但被否決。會議繼續討論，但開會的時間已經很久了，或贊成和反對雙方吵不停，有出席人不想再繼續開會了，是可以重新提出「散會動議」，就是重提，如果表決通過就眞的散會了。

拾壹、權宜問題秩序問題及申訴

第八十四條　　權宜問題　對於議場偶發之緊急事件，足以影響議場全體或個人權利者，得提出權宜問題。例如：議場發生喧擾，妨礙出席人之聽覺，出席人得提請主席制止是。

■眞正影響會場秩序的叫做權宜問題，不是秩序問題，而是「權利」問題。

權宜問題一提出，不需要附議、不可以討論、也不可以修正，主席馬上要裁決，制止或改善出現的問題。

■進一步解釋權宜問題，是會場環境突然出現狀況，會影響全體或個人的權利，可以提出權宜問題，如下：

1.麥克風沒聲音，或議場內外有人講話或音樂聲音太大，干擾出席人的聽覺，或聽不清楚發言內容。

2.燈光突然熄滅，冷氣太冷，空氣不流通很悶要開窗戶

3.開會後經出席人提出清點人數，果然會場內出席人不足，主席應該宣布散會。因會議規範第 7 條：主席馬上要執行清點人數，在清點人數之前，可以先請在外面講話的人進來會場。

4.計算選票或表決結果有懷疑，可以重新計票或重新表決。

第八十五條　　秩序問題　對於議題進行中發生之錯誤，或其他事件，足以破壞議事之秩序者，得提出秩序問題。例如：發言超出議題範圍，出席人得請求主席糾正是。

■秩序問題並不是議場秩序的問題，與會場秩序無關，其實是會議的「程序問題」。

會議進行中，發生違反議事規則、破壞會議的程序。例如：出席人發言的內容違反議事規則，偏離主題，牽涉人身攻擊或個人隱私，沒有民主素養和風度，超出議題的範圍，或不是臨時動議的議程，突然出現臨時動議。或主席接述動議的說明，違反動議案原本的意思，或主席接受動議處理的順序位階不當，都可以提出秩序問題。

第八十六條　　處理順序　權宜問題之處理順序，最為優先，秩序問題次於權宜問題，而先於其他各種動議。

■議場有出席人提出「秩序問題」，主席接受並正在討論。其他出席人可以再提出「權宜問題」，主席必須中斷「秩序問題」的討論，先處理「權宜問題」，因為「權宜問題」比「秩序問題」優先。

■「權宜問題」是出席人的權利問題，是所有動議中最大、最優先的。

第八十七條　　裁定及申訴　權宜問題及秩序問題之當否，不經討論，由主席逕行裁定，不服主席之裁定者，得提出申訴。申訴須有附議，始得成立。

■不服主席的裁定，以保障出席人的權利，避免主席個人太過武斷，可利用「申訴動議」，透過全體出席人表決做公斷。申述必須當下即時提出，不可以已經隔案，討論到其他案才提出。

■雖然牽涉主席的權力，主席可以不用離開主席的地位，如果「申訴動議」沒有人附議，就不成立。

第八十八條　　申訴之表決　申訴之表決可否同數時，維持主席之裁定。

■「申訴動議」的表決，必須超過半數再加一以上，才通過，如果表決贊成反對相同，就維持主席之裁定。

拾貳、選舉

第八十九條　　選舉之方式　選舉之方式，分為下列兩種：

（一）舉手選舉。

（二）投票選舉。

■投票選舉，選舉人不須在選票上留下姓名，是秘密投票行爲，選舉人可以無所顧忌，自由的行使權力。但舉手選舉等於具名投票，如果團結和諧的社團，當然可以使用，不然要小心，避免知道誰沒有舉手而心懷恨意。

第九十條　　選舉權及被選舉權　會員之選舉權及被選舉權，除另有規定外，一律平等。

第九十一條　　選舉之程序　選舉之程序如下：

（一）主席宣布選舉之名稱，職位，應選出之名額，及選舉方法。

（二）辦理候選人提名，但另有規定或決議時，得省略之。

（三）推定辦理選舉人員。

（四）選舉。

（五）開票並宣布選舉結果。

■選務主委，大概都由前一任的會長擔任，主持選舉宣布選舉程序，並推薦辦理選舉的人員：發票、唱票、計票和監票人員，最後記得要再詢問上述宣布及選務人員，大家有沒有異議，如果沒有人異議，就等於全體出席人都同意，才開始投票選舉。

第九十二條　　辦理選舉人員　選舉設監票員若干人，由出席人推定。設發票員、唱票員及記票員各若干人，由主席指定或由出席人推定。

第九十三條　　候選人提名　選舉得先舉行候選人提名，其辦法如下：

（一）由會眾簽署提名。每一候選人所需之簽署人數，以達會眾十分之一為原則。

（二）由大會選舉提名委員若干人，組織提名委員會推薦之。

（三）由議場臨時提出而有附議者。

候選人提名之方法，名額由大會決定。其由提名委員會提名者，選舉人得於名單之外，自行擇定人選投票。

■在社團的理事、監事候選人提名，大部分是要當理事長（會長、社長）的人去找來的名單，經過理事會同意之後，再製作選票，到會員大會去投票，產生新一屆團隊的幹部。

第九十四條　　單記法，連記法及限制連記法　選舉得採單記法，連記法或限制連記法，除各該會議另有規定外，一次選舉之名額在二名以上者，以採連記法為原則；在三名以上者，得採限制連記法，其連記額數以應選出人總額之過半數為原則。

■單記法，就是只選一個名額的時候，如果候選人兩名以上，只能選其中一位，選超過 1 位就是廢票。

■連記法，以社團的理事會選 9 位理事爲例，在選票上面最多只可以圈選 9 位，圈選超過 9 位就是廢票。

■限制連記法，以理事會選 9 位理事爲例，限制最多只能圈選應選半數的人選，就是最多只能圈選 5 位。這種選舉的結果，不會很多人票數相同，選出最多票的 9 位理事外，依零星得票數的高低排列，可以排出的候補理事的順序，候補一、候補二。

第九十五條　　選舉之當選　選舉以得票比較多數者為當選，票數相同時，以抽籤定之。如各該會議另有規定者，從其規定。

■如果當選人沒有在現場，必須唱名三次，仍無法本人抽籤的時候，可以由選舉主席代爲抽籤。如果被抽籤抽中了，但不想當選，就由候補最高票者遞補。

第九十六條　　選舉名額及候選人均為一人之選舉　選舉名額及候選人均為一人時，仍應投票或舉手表決。

前項投票或舉手表決，應就贊成與反對兩面行之，如反對者為多數，應另提候選人，重行選舉。當選額數另有特別規定者，從其規定。舉行投票時，應以記「○」表示贊成，記「×」表示反對。

■如果是罷免選舉，也是相同。

■如果完全空白沒有圈選，或加蓋印章或選票被撕破不完整，被污染不能識別圈選，圈選後又塗改等等，都是廢票處理。

第九十七條　　開票及宣布結果　選舉完畢，應立即當場開票，並由主席宣布其結果。

拾參、其他

第九十八條　　另訂議事規則　各種會議得就實際需要，在不牴觸本規範之範圍內，得另定議事規則施行之。

■法律有位階，憲法大於法律，法律大於法規命令，法規命令大於行政規則。「會議規範」在民國 90 年行政程序法施行後，法律位階很低，只是行政法規，並不是法規命令。

■民法，第 1 條：民事，法律未規定者，依習慣，無習慣者，依法學。

法院將內政部制定的「會議規範」視爲習慣法，作爲判決的依據。「會議規範」的位階雖低，但是我國會議運作，唯一的行政規則，各行政機關及人民團體都依據使用，包括自己單位制定專用的會議規則，還是必須參考會議規範的規範。例如：青商會有自訂「青商會議事規則」，是以會議規範爲主體，依青商會開會文化和習慣，增減部份的條文而成。

第九十九條　　未規定事項　本規範未規定事項，依 國父民權初步之規定。

第 一 百 條　　施行日期　本規範自公布日起施行。

附錄（一） 動議規則一覽表

<table>
<tr><th colspan="3">項目
規則
動議名稱</th><th>應否討得發言地位</th><th>可否間斷他人發言</th><th>需否附議</th><th>可否討論</th><th>可否修正</th><th>可以提出哪些動議</th><th>表決額數</th><th>可否重提</th></tr>
<tr><td rowspan="4">主動議</td><td colspan="2">一般主動議</td><td>應</td><td>不</td><td>需</td><td>可</td><td>可</td><td>附屬動議、復議動議、取消動議、收回動議、分開動議、討論方式動議、表決方式動議、暫時停止實施議事規則一部之動議</td><td>詳 58、59 條</td><td>不</td></tr>
<tr><td rowspan="3">特別主動議</td><td>復議動議</td><td>應</td><td>不</td><td>需</td><td>可</td><td>不</td><td>擱置動議、停止討論動議、延期討論動議、無期延期動議、收回動議（復議動議被擱置後不得抽出）</td><td>參加表決之多數</td><td>不</td></tr>
<tr><td>取銷動議</td><td>應</td><td>不</td><td>需</td><td>可</td><td>不</td><td>除修正動議外，可以提其他附屬動議收回動議</td><td>與被取銷之本題同</td><td>不</td></tr>
<tr><td>抽出動議</td><td>應</td><td>不</td><td>需</td><td>不</td><td>不</td><td>收回動議</td><td>參加表決之多數</td><td>可</td></tr>
</table>

		預定議程動議	應	不	需	可	可	修正動議、收回動議	參加表決之多數（註一）	可
附屬動議	散會動議		應	不	需	不	不	收回動議	參加表決之多數	可
	休息動議		應	不	需	不	不	收回動議	參加表決之多數	可
	擱置動議		應	不	需	不	不	收回動議	參加表決之多數	可
	停止討論動議		應	不	需	不	不	收回動議	參加表決之三分之二	可
	延期討論動議		應	不	需	可	可	停止討論動議、修正動議、收回動議、在同次會可以復議	參加表決之多數（註一）	可
	付委動議		應	不	需	可	可	停止討論動議、修正動議、收回動議、在委員會未著手審議前可以復議	參加表決之多數	可
	修正動議		應	不	需	可	可	停止討論動議、修正動議（只能對第一修正案提出）、分開動議、收回動議、復議動議	參加表決之多數	不

	無期延期動議	應	不	需	可	不	停止討論動議、收回動議、復議動議	參加表決之多數	不
偶發動議	權宜問題	不	可	不	不	不	收回動議	不必表決由主席裁定	可
	秩序問題	不	可	不	不	不	收回動議	不必表決由主席裁定	不
	會議詢問	不	可	不	不	不	收回動議	不必表決由主席答復	不
	收回動議	應	不	不	不	不		參加表決之多數（註二）	可
	分開動議	應	不	需	不	可	修正動議、收回動議	參加表決之多數	不
	申訴動議	不	可	需	可	不	停止討論動議、收回動議	參加表決之多數	不
	變更議程動議	應	不	需	可	可	收回動議	參加表決之三分之二	不
	暫時停止實施議事規則	應	不	需	不	不	收回動議	參加表決之三分之二	不

	一部之動議							
	討論方式動議	應	不	需	不	不	收回動議	參加表決之多數	不
	表決方式動議	應	不	需	不	不	收回動議	參加表決之多數（註三）	不

註一：如係特別議程，需要參加表決之三分之二通過。

註二：先徵詢有無異議，如無異議，即不必再行表決。

註三：如係唱名表決，只需出席人五分之一以上之贊同。

第七章　會議前的準備

各項會議的相關職責是，1.會員大會是最高權力機構。2.理事會是執行單位。3.監事會是監察單位。4.秘書處、委員會是理事會的行政幕僚組織。5.各會經費收支及工作執行情形，應於每次理事會議時提出審議，再由理事會送請監事會監察，如果監事會監察財務及會務時，發現有不當情事，應提出糾正意見，送請理事會改善，如理事會不處理時，監事會得提報會員大會審議。

7-1　會議的名稱

會議名稱：各團體在下一屆第一次會員大會，選出理事後，隨即召開該屆第一次理事會，選出常務理事及理事長後，以後再召開就是第二次理事會、第三次理事會。理事會、監事會及會員大會是用「第○次」，不是一月份理事會、二月份理事會。

有的人民團體，每個月有月例會，就用3月份月例會、5月份月例會，不是「第○次」月例會。

一般社會團體的會議名稱比較單純，就政府立案的○○縣／市某某發展協會或全國性社團，中華某某協進會或臺灣某某協會。但國際社團就有雙重隸屬關係的名稱，有國際社團組織系統的系統的名稱，又有政府立案的名稱，以下是國際同濟會為例：

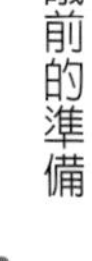

國際同濟會台灣總會○○區
○○同濟會　第○屆第一次會員大會
或
當地政府立案的名稱
○○縣／市○○國際同濟會　第○屆第一次會員大會

或章程自定會名的簡稱，是國際社團組織及政府立案都適用的名稱
例如
○○國際同濟會　第○屆第一次會員大會
○○國際同濟會　第○屆第六次理事會
○○國際同濟會 3 月份月例會

7-2　會旗的布置

會場布置，右爲大，以主席的位子，背對舞台（國父遺像）之方向，主席的右邊是安排來賓的位子。一般社會團體，只掛開會的紅布條，比較少把會旗拿出來，但國際社團的會議場會布置，有會旗及信條旗，以國際同濟會爲例，會旗之布置，在主席坐位的右後邊，右爲大，信條旗在主席的左後邊。如有二個會旗以上時，以本會爲最內側靠近會場中央，同青社、同少社及結盟會旗，依成立先後，由內而外的順序。

7-3 新會員宣誓入會及理事監事宣誓

會員大會，國旗在中間，但遇到有新會員宣誓入會及理事監事宣誓時，應把會旗移到中間前方。儀式是請全體起立，為新會員入會或理事監事宣誓做見證，監誓人站在宣誓人的右前方 45 度處，面對宣誓人。

同濟會的新會員入會宣誓的誓詞是：余誓以至誠，遵守國際同濟會信條及本會會章之規定，盡忠職守、服務人群、發揮同濟精神、建立永恆友誼、和諧團結，恪遵奉獻利他之諾言，信守不渝。謹誓、宣誓人……，一段一段的唸。

新朋友要加入國際同濟會，新朋友入會宣誓，應該面對國際同濟會的會旗宣誓入會，而不是面向觀眾宣誓或向國旗宣誓。

內政部對公職人員宣誓，包括：總統、首長、副首長及簡任第十職等以上的單位主管、立法委員、議員、鄉鎮市民代代表等等，定有宣誓條例。

公職人員宣誓就職，宣誓人肅立，向國旗及國父遺像，舉右手向上伸直，手掌放開，五指併攏，掌心向前，宣讀誓詞。余誓以至誠，恪遵憲法，效忠國家，代表人民依法行使職權，不徇私舞弊，不營求私利，不受授賄賂，不干涉司法。如違誓言，願受最嚴厲之制裁，謹誓，宣誓人……。

公職官員及民意代表，向國旗代表國家宣誓，行使公務職權，不徇私舞弊，不營求私利，不受授賄賂，不干涉司法……。

加入社團為會員，不是公職官員不必向國旗和國家宣誓，應該向加入社團的會旗宣誓入會，且誓詞以同濟會為例：余誓以至誠，遵守國際同濟會信條及本會會章之規定……，跟國旗和國家無關，跟社團會旗有關。

7-4　提案必須簡單明確

例如：舉辦捐血活動案，協辦愛心遊園會，配合議事講師培訓班招生案、發起兒福基金募款案，審查三月份財務報表案。簡單明確，不要添加贅述之語。

不要把司儀連接議程的話語「提請討論」，當做提案的案由名稱。

常見提案：案由一、提請討論三月份財務報表審查案。

會後產生的會議紀錄是：

通過，提請討論三月份財務報表審查案。

其中「提請討論」，是贅語。

「提請討論」是司儀的口語，不應該是案由名稱。

司儀說：提請討論，案由一、三月份財務報表審查案。

正確是

案由一、三月份財務報表審查案。

會後產生的會議紀錄：

三月份財務報表審查案，通過。

通過，三月份財務報表審查案。

如果是通過「提請討論」三月份財務報表審查案。不是怪怪的嗎？

另一案例：

案由二、本會擬購買母親節禮物討論案。

會後產生的會議紀錄：

通過，本會擬購買母親節禮物討論案。本會擬，是贅語。

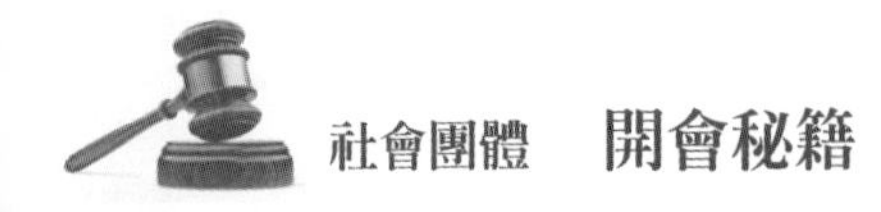

本會擬購買母親節禮物討論案，通過。

已經要買才會提案，不要用「本會擬」的贅述當客氣的案由。

但在提案內的說明、辦法，是可以用擬辦……、擬買……，來徵求同意，但在案由則不妥。

正確應該是

通過，購買母親節禮物討論案。

購買母親節禮物討論案，通過。

參考立法院

通過，中華民國刑法修正案。

不是，通過提請討論中華民國刑法修正案。

提請討論是司儀用語，不應該出現在案由。

7-5 議程先建議事項、再臨時動議

建議事項也是自由發言，大家可以緩和的先溝通了解，遇到好的意見或有重要的事，可以在下一個議程，臨時動議時，再正式動議成案討論。如果議程先臨時動議，就會有來不及補救。

如果建議事項，距會議結束還有時間，主席可以邀請列席的前會長指導一下及請列席坐很久，一直沒有發言的會員發言，尤其有新會員列席，請他自我介紹，才能趕快融入團體。

會議講評，邀請一兩位即可。如果有多位人選，有的已在貴賓致詞過，就不用再邀請講評，會議講評在同濟會可先邀請資歷淺的執行長（擔任過會長）、再邀請資深的督導長（擔任過區主席）補充及指導，不同團體可依其職級邀請。

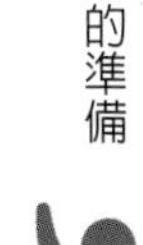

7-6　理事會參考議程及席位安排

會議名稱：○○○○○會　第○屆第○次理事會　　議程

1.會議開始，報告出席人數

2.請主席宣布開會（國際社團增加，請主席鳴開會鐘或鳴鐘開會）

3.朗讀○○○信條（全體請起立）

4.確認本次會議議程

5.介紹來賓

6.主席致詞

7.常務監事致詞

8.來賓致詞

9.總會會務宣導

10.確認上次會議記錄及報告上次會議決議案執行情形

11.會務報告

A.會務活動報告

B.財務報告

C.委員會報告

12.討論事項

案由一：○月份財務報表審查案。

提案人：○○○　附署人：○○○

說明：請參閱附件，財務報表

決議：

案由二：購買母親節禮物討論案。

提案人：○○○　附署人：○○○

說明：依年度工作計畫執行，請參考禮物樣品，挑選之

辦法：經費由年度預算支出

決議：

13.建議事項

14.臨時動議

15.會議講評

16.主席結論

17.唱會歌（請全體請起立）

18.散會（請主席鳴閉會鐘或鳴鐘開會）

理事會的席位參考

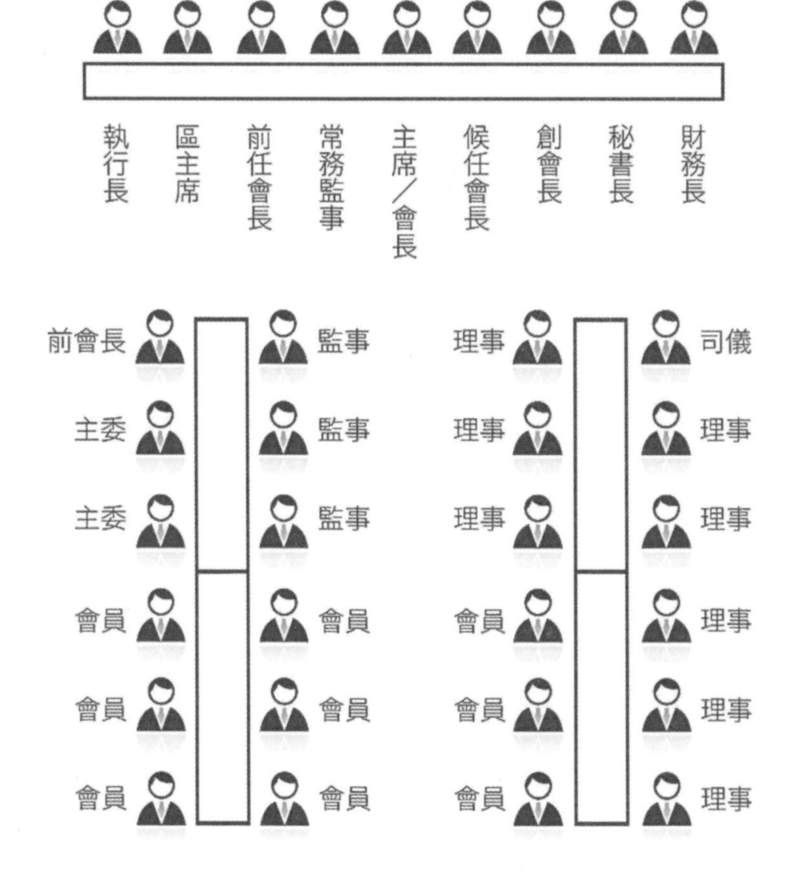

說明：

1.理事長（會長、社長）及常務監事，兩位是該會核心地位的代表。而監事會是監督理事會的職責，常務監事應該坐在會長主席的右邊，代表尊重監事會，不應該把常務監事的席位排到旁邊。如果各團體另有規定，依其規定。
2.前排主席桌的席位不多，如果來賓多，本會的會職幹部應該要主動下來，上面席位讓給來賓坐。見過職務高的上級貴賓到場，本會幹部不懂禮遇貴賓，仍笑坐前排主席桌，展現他沒知識、不懂禮儀的形象。此時會長或秘書長應該提醒他讓位。
3.被禮遇坐位的貴賓致詞時，要感謝讓坐的幹部，懂得回報並展現親切和風度。
4.理事監事聯席會的議程及座位，參考理事會。

7-7　監事會的參考議程

監事會，每三個月召開一次會議，如遇有重大會務違規或財務不清，也可以召開臨時監事會，對理事會提出糾正案。

監事會的會議主席，正常由常務監事擔任，如果常務監事請假或剛好身體不適，也可以推舉其他監事擔任。

■監事會議程

會議名稱：○○○○○會　第○屆第○次監事會

1.會議開始：報告出席人數，主席宣布開會（國際社團增加，請主席鳴開會鐘或鳴鐘開會）
2.主席致詞：
3.會長致詞：

4.提案討論：

案由一：一至三月之財務審查案。

提案人：○○○附署人：○○○

說明：詳如附件，財務報表及會計收支憑證。

決議：

案由二：一至三月之會務執行成果審核案。

提案人：○○○附署人：○○○

說明：詳如附件，年度工作計畫及活動記錄相關文件資料。

決議：

5.建議事項

6.臨時動議

7.主席結論

8.散會（請主席鳴閉會鐘或鳴鐘開會）

7-8　月例會的參考程序

會議名稱：理事會是第一次理事會、第二次理事會。月例會是 1 月份月例會、2 月份月例會，記得月例會是用月計算的。

月例會，主要目的是聯誼活動，沒有議程，是用程序表。通常是由聯誼委員會或輪值理事或承辦會員小組，負責策劃內容，交由秘書處辦理。他們可以分擔部分經費，讓活動內容更豐富，又會鼓勵會員踴躍出席，也會協助會長及幹部，接待會員及眷屬，月例會的成效將更好。

月例會只須報告理事會、監事會有決議及執行情形，讓沒有參加理事會或監事會的會員知道，目前會務運作的情形。

月例會中，會兄、會姊們，任何建議事項都可以討論，但不要做任何決議。建議好的寶貴意見，列入紀錄，送請理事會討論決議後再辦理。

頒獎、感謝、表揚的活動，儘量安排在月例會中舉行，可以使會員眷屬也知道被感謝及表揚的事蹟共享榮譽，才會有更多會員熱心參與會務活動。

介紹來賓，包括介紹新會員，在建議事項或稱爲自由發言時，主席可以邀請、新會員自我介紹及發表感言，可以拉近關係，早日融入團體的大家庭。

理事會由會長主持，月例會可以會長主持，也可以給輪值理事或輪值的會員代表主持，藉機可以培訓幹部的主持能力及培養未來的會長人才。

■月例會，參考程序表

○○○○○會○○月份月例會

1.會議開始
2.朗讀○○○○○信條（全體請起立）
3.介紹來賓
4.主席致詞
5.來賓致詞
6.會務報告（秘書長、財務長、委員會主委）
7.慶生、表揚、頒獎
8.專題演講
9.建議事項
10.會議講評（執行長或督導長）
11.主席結論

12.唱會歌（全體請起立）
13.散會

7-9 會員大會的參考議程

會員大會是團體年度最重要的會議，開會前應檢查會場物品是否齊全；來賓及會員簽到簿，理事、監事選舉選票及開票統計表，國旗暨國父遺像，會旗，萬國旗、議事鐘、議事槌，理監事宣誓詞、新會員入會誓詞，會員大會議程資料手冊等等。

會場擴音設備，麥克風效果是否良好，坐位布置、投票箱位置。合併召開第一次理事會、第一次監事會議。

會員大會的會議紀錄，要記錄各理監事的得票數，包括候補理監事的得票數。

■會員大會，參考議程

國際同濟會台灣總會○○區
○○同濟會　第 10 屆第一次會員大會
或
○○國際同濟會　第 10 屆第一次會員大會
或當地政府立案的名稱
○○縣/市○○國際同濟會　第 10 屆第一次會員大會

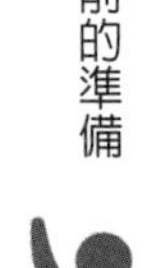

議程

1.會議開始，報告出席人數

2.請主席宣布開會（國際社團增加，請主席鳴開會鐘或鳴鐘開會）

3.全體肅立

4.主席就位

5.唱國歌

6.向國旗暨國父遺像行禮（鞠躬、再鞠躬、三鞠躬）

7.朗讀國際同濟會信條及定義宣言（全體請起立）

8.確任本次會議議程

9.介紹來賓

10.主席致詞

11.來賓致詞（1.總會長、縣市長、立委，2.區主席，3.候任主席，4.母會會長……）

12.會務報告／全年度重要會務與財務報告

13.常務監事年度審查報告

14.討論提案

案由一：第 9 屆○○○年度財務決算審查案
說明：請參閱附件財務報表
決議：

案由二：第 10 屆○○○年度工作計畫案
說明：請參閱附件工作計畫表
決議：

案由三：第 10 屆○○○年度財務預算案
說明：請參閱附件，財務報表
決議：

15.臨時動議

16.自由發言（補充意見或政見發表）

17.選舉。（由前任會長擔任選務主委或依各會習慣的規定）

（1）請主管官署或法制顧問，講解選舉法規

（2）選務主委提名選務人員（發票、唱票、記票、監票）

（3）投票、開票、計票

（4）選務主委宣布選舉開票數結果

（5）當選理事、監事，分別參加：第一次理事會、第一次監事會議（議程參考在後面）

（6）選務主委完成選舉，將麥克風主持棒交回給主席

18.主席宣布當選名單

19.新當選理事長（會長、社長）致謝詞

20.新當選理事長（會長、社長）提名通過會務人員：秘書長、財務長、法制顧問等

21.會議講評（請執行長或督導長）

22.主席結論

23.唱同濟會歌（全體請起立）

24.散會（請主席鳴閉會鐘或鳴鐘閉會）

■筆者 1994 年，擔任國際青年商會中華民國總會常務監事時，當時從事電腦業，曾經爲全國年會的選舉，設計一套利用電腦讀卡機，判讀選票的電腦計票作業系統。

選票採用聯考選擇題的答案卡，在選票上有全部候選人編號、姓名及空白格子。圈選選票就用 2B 鉛筆在候選人編號、姓名前的空白格子上塗黑，給電腦判讀，連續多年國際青年商會全國年會的選舉，都採用這套電腦計票系統，電腦讀卡機一分鍾可以判讀一百多張的選票，500 張選票 5 分鐘內完成，1000 張選票 10 分鐘內完成，非常快速就可以完成開票作業。

每位候選人的得票數，隨著電腦讀卡機的判讀，一票一票的增加，電腦投影在會場的大螢幕上，比人工唱票、計票，快很多，省時省力。電腦判讀廢票部分，再由選務人員判定。

7-10 開會物品準備清單

爲了避免突發狀況，會議前要準備各式各樣的器材與設備，避免遺漏，建議各會依習慣列出清單，是會議前核對，應該準備的項目。

工作人員或助理，了解必需準備的清單，可以幫忙確認相關物品，也可以協助影印、裝訂和將當天要發放的資料裝袋等等。

準備會議物品，包括：要喝的水，因爲說話多，會嘴巴喉嚨乾，茶或咖啡都可以，但建議準備較不刺激的白開水、礦泉水瓶。此外，如果有遙控器、指引的雷射筆、操作投影片就比較好用。

時鐘也是不可缺少的器材，會議主席可以正面看見時鐘是最好的，但並不是所有會場，都會在正後方懸掛時鐘，因爲看不到時鐘，所以一邊開會，要一邊瞄手機的時間，時間控制對會議來說很重要。

會議物品準備清單	
項目	核對
1.議程資料	
2.附件資料	
3.簽到表	
4.原子筆、白板筆	
5.會旗	
6.信條	
7.萬國旗	
8.議事鐘、議事槌	
9.桌巾	
10.紙杯、茶壺	
11.音響、麥克風、電池	
12.國旗、國父遺相	
13.抹布、衛生紙、垃圾袋	
14.膠帶、圖釘	
15.筆電	
16.	

7-11 用行李箱裝開會物品

筆者見過，台中區緣和國際同濟會、高屏 A 區金蘭國際同濟會，用一個出國旅行的大行李箱，裝著開會物品，每次開會由秘書長帶來帶去很方便，值得大家參考。

7-12 預約找會議場地

會場的大小，依出席人數而異，會員大會就必須預約大型場地，理事會只有十多人左右，或許可以使用會員公司的會議室或餐廳，必須注意的是，某些熱門的場地可能在兩、三個月前就已經訂滿了，所以必須盡早預約，會議前先決定地點，才可以寄開會通知。

會員大會要選擇較莊嚴的會議場地，較能掌握大會的品質與氣氛，餐廳的場地可要求，安排適於開會是直排或横排桌椅，不適合安排坐幾個圓桌開會。

7-13 準備電腦、投影機、螢幕和白板

如果可以的話，建議不要使用會場準備的電腦，而是自己平常使用的筆記型電腦。因為自己的電腦操作起來比較順手，就算臨時出了什麼狀況，也能很快靜下心來處理。但有些場地只允許使用他們的電腦，就必須事先去確認可以用嗎？會操作嗎？

有的餐廳會場附設有螢幕和投影機，請事先勘察會場的面積與出席人數適合嗎？螢幕是大還是太小？如果會場的螢幕較小，就必須修改投影片把字體放大，或怎麼改善。

最好事先，拿當天要使用的電腦，去和投影機進行連接測試，確認可以正常投影。有些單位的投影機是便宜、舊型，低階的，投射出來的影像會不清楚、偏暗或有色差，擔心開燈時投影不清楚，可能無法投影出完整或清晰的影像，因此就要先去仔細的確認，並告之主席或演講者。

測試時，了解連接電腦與投影機的電線，長度是否足夠？也很重要，如果電線不夠長，必須準備延長線。

如果會議要在白板上寫字，會議前就要找到或借到白板，或找到有整面牆是白板的會議室。爲了避免白板筆沒水的窘境，也要事先準備好新的黑、藍、紅三色粗字白板筆。

7-14　測試音響設備

第一個要確認的是麥克風。麥克風的種類很多，包括有線麥克風、無線麥克風、頭戴式麥克風等等，請先確認會場準備的麥克風屬於哪一種？無線麥克風的電池也要準備，避免開會到一半，麥克風沒電沒有聲音。

如果要播放國歌、唱會歌，必須先弄清楚音響設備如何連接？或考量使用自己的手機播放。

7-15　會議場地的布置

最適當的桌椅數量，應該是比預定出席的人數再稍微多一點。去參加一個會議，看會場的布置，就瞭解理事長（會長、社長）及秘書長的品味。

會議場地，如果有用不到的桌椅，不是會議的物品，應該擺到倉庫或會場外面去，試想在倉庫兼會議室開會或接待貴賓，是什麼氣氛？

有制度、有水準、層級比較高的團體或大公司、政府的會議室，都會保持會場內部的乾淨清爽，是基本布置。

社會團體大部分是比較刻苦經營的，如果經費預算許可，是應該改善的。筆者擔任國際同濟會臺灣總會第40屆秘書長，建議黃武田總會長，改善總會的會議室，用一般折疊鐵桌椅，像社區活動中心，有損國際社團的形象，後來透過公開徵求室內設計圖，到理事會簡報，由理事投票通過選擇設計圖，再依設計圖，公開招標施工，臺中總會館及台北會館，將會議室重新裝潢改善，台中總會館可座一百人，每個座位有桌上型麥克風，加上影音系統，營造出國際社團現代化的會議室。

7-16 萬國旗的正確插法

依據外交部的國際禮儀規定「讓人不讓旗」，是國際禮儀的通則，因爲國旗代表國家不能讓，所以主席座位，面向觀眾往前看，主席右邊爲尊，最右邊是插我國地主國的國旗，而貴賓是可以坐在主席的右邊，以示尊重，就是讓人不讓旗。

國際社團特有的萬國旗，擺在主席座位的前面，萬國旗的正確插法，主席面向觀眾往前看，最右邊插我國地主國的國旗，最左邊插創始國的國旗，以同濟會來講就是美國的國旗。

一座萬國旗有50面國旗，是聯合國會員國的國旗，其排列由右到左，依照各國成立該團體的先後順序插。

萬國旗是通用商品，沒有人考究，也不知道各團體各國成立的先後順序，除非要有成立國家先後順序的資料。其實中間大都是隨意插置，象徵萬國旗，達到布置會場的功能就好了。

國際四大社團，近年同濟會改變在正中間，插同濟會旗。而扶輪社、獅子會、青商會，並沒有插會旗，理由這是萬國的國旗，會旗不是國旗。

第八章　開會通知與會議紀錄

開會通知與會議紀錄，必須用正確的公文寄出。社團寫公文的行政秘書，並不是公務員，沒有經歷高考或普考，國文共同科目，要考：公文、作文及測驗。對公文書沒有研究是可以理解。所以社團的開會通知與會議紀錄的公文，呈現五花八門的雜亂，結果是在公文最後蓋職務簽名章「理事長ＯＯＯ」，公開寄出去出醜，代表沒有公文知識的團體。事業有成，參加社團爲公益付出的理事長，用蓋自己名字的奇怪公文，公開寄給會員、長官及政府機關、其他單位，鬧笑話就不值得了。

筆者年輕時考過高考，研讀過公文的記憶及年年申請補助計畫和公部門往來的經驗，在議事的書中，增加開會通知與會議紀錄篇，提供各社團正確的公文寫作參考。

考試院 110 年 5 月 27 日院會通過，修正公務人員高等考試三級考試暨普通考試規則，112 年起高普考國文科目刪除考公文，提高英文占分比重，因應業務內容涉及對外事務……，高普考每年約 3 月報名、7 月舉行，起薪約 3.7 萬至 4.7 萬元的金飯碗。

考選部長許舒翔表示，高普考錄取後有三個月公務員受訓，再加強公文寫作課程，取消考公文對政府機關運作影響不大，落實 2030 雙語國家政策，提升公務人員英語能力與國家競爭力。

民進黨立委鄭運鵬 111 年 3 月在立法院質詢，國考應廢考國文，國民黨立委廖婉汝追問，若連國文都不用考，未來公務員怎麼溝通、公文怎麼簽？行政院長蘇貞昌表示，語和文是最基本的能力必須尊重。媒體網路調查 71.9%反對廢考國文。

8-1 公文寫作的相關法令

公文是指各級政府，處理公務或與公務有關，不論其形式或性質的文書資料。就是機關與機關或機關與人民往來的公文書。

行政院民國 74 年頒有「文書處理手冊」。民國 83 年頒有文書及檔案管理電腦化作業規範。民國 96 年頒有「公文程式條例」。經過，行政院研究發展考核委員會多次修正。民國 103 年行政院組織改造，行政院研究發展考核委員會改制成「國家發展委員會」，推動全國統一訂定政府文書格式參考規範，提供公務機關編撰政府文書之參考，以提高文書品質，本書摘錄分享社團相關作業的內容。

政府公務人員辦理公事，推行公務，溝通意見，一定要撰寫公文，以遂行爲民服務的目的。所以公務人員都充分了解承辦公文的知識與強化處理公務的專業知識。

公務文書之涵義，刑法稱公文書，是公務人員職務上製作的文書，依據「公文程式條例」稱公文者，是處理公務的文書，在「文書處理手冊」所稱文書，是指處理公務或與公務有關，不論其形式或性質如何之一切資料。

公文書基本要求，「簡淺明確」、「正確簡明」、「整潔完整」、「清晰迅速」、「一致周詳」，主要目的在加速意見溝通，拉近彼此關係，促進協調合作，提高行政效率。

公文的類別如下：

一、令：公布法律、任免、獎懲官員，總統、軍事機關、部隊發布命令時用之。

二、呈：對總統有所呈請或報告時用之。

三、咨：總統與立法院、監察院公文往復時用之。

四、函：各機關間公文往復，或人民與機關、團體之間，申請與答復時用。

五、公告：各機關對公眾有所宣布時用之。

六、其他公文：其他因辦理公務需要之文書，例如：「書函」、「開會通知單」或「會勘通知單」……，召集會議或辦理會勘時使用及公務電話紀錄等等。

社會團體對政府機關、團體或會員，用的公文是用「函」及「開會通知單」，最後要蓋字體大一些的會長職務簽字章：會長ＯＯＯ，這種章稱爲簽字章，也稱機關首長署名的職務條章。

機關首長因故不能視事，由代理人代行首長職務時，其公文，除署首長姓名，註明不能視事理由外，應由代行人附署職銜、姓名於後，並加註代行二字。就是機關首長公文的簽字職章，改爲理事長ＯＯＯ出國、常務理事 xxx 代行。

8-2 函的公文範例

以下是準備要考公務員，高考、普考，參考書的公文範例。

檔　號：
保存年限：

行政院　函

地址：00000 臺北市〇〇路 000 號
承辦人：000
電話：02-XXXXXXXX 傳真：XXXXXX
E-mail：00@0000000

受文者：臺北市政府

發文日期：中華民國 00 年 00 月 00 日
發文字號：〇〇字第 0000000000 號
速別：最速件
密等及解密條件或保密期限：
附件：

主旨：為杜流弊，節省公帑，各項營繕工程，應依法公開招標，並不得變更原設計及追加預算，請轉知所屬照辦。

說明：

一、依本院 00 年 00 月 00 日第〇〇次會議決議辦理。

二、據查目前各級機關學校對營繕工程，仍有未按規定公開招標之情事，或施工期間變更原設計，以及一再請求追加預算，致弊端叢生，浪費公帑。

辦法：

一、各機關學校對營繕工程應依法公開招標，並按「政府採購法」及相關法令辦理。

二、各單位之工程應將施工圖、設計圖、契約書、結構圖、會議紀錄等工程資料，報請上級單位審核，非經核准，不得變更原設計及追加預算。

正本：臺灣省政府、福建省政府、臺北市政府、高雄市政府
副本：〇〇〇、〇〇〇

院長〇　〇　〇

8-3 函的公文結構

公文的共同格式是依據文書處理手冊、機關檔案管理作業手冊、機關檔案保存年限及銷毀辦法等規定辦理。

（一）紙張：各機關公文用紙之質料及尺度：

1.質料：70～80GSM（g/m2）以上、米色（白色）模造紙或再生紙。

2.尺度：採國家標準總號五號用紙尺度 A4。

（二）書寫方式：紙張以直式為原則，因版面編排需要，如會計報表等欄位過多者，得採橫式書寫方式採由左而右，由上而下之橫書格式。

（三）邊界：1.上緣：紙張上緣保留 2.5 公分 ±0.3 公分。

2.下緣：紙張下緣保留 2.5 公分 ±0.3 公分。

3.右緣：紙張右緣保留 2.5 公分 ±0.3 公分。

（四）字型：中文採標楷書，英文及阿拉伯數字採 Times New Roman 字體。

（五）行距：10 點字行距 10 點 ±3 點，12 點字行距 15 點 ±3 點，16 點字行距 28 點 ±4 點，20 點字行距 36 點 ±5 點，未規定部分，各機關自訂。

常見到人民團體的公文，沒有注意到邊界要留白，不是上緣太窄、就是左右太寬，變成很奇怪的公文格式，正確格式大約如上，是有彈性可以微調至更美好，沒有硬性規定，八九不離十，不要太離譜，至少要像正確公文就好了。

人民團體的公文以「函」為主，函的結構，採用「主旨、說明、辦法」三段式。

（一）主旨：是公文的精要，以說明行文的目的，應力求具體扼要。不可分項，要一整句文字緊接著，可加冒號或逗號，書寫完成。

（二）說明：可分一、二、三項，就事實、來源或理由，用一句話或一串話連續說明一項敘述。第 2 件事就用第 2 項來說明。如果須要格式化標示，就列爲附件表格，公文是文章呈現，不是表單。

（三）辦法：用建議、擬辦、請核示等內容尋求支持。其分項條列內容若過於繁雜或含有表格型態時，應編列爲附件。

秘書長草擬公文，給理事長（會長、社長）核稿要注意，文字是否通順、措詞是否恰當、有無錯別字。繕印公文宜力求避免獨字成行，獨行成頁。遇有畸零字數或單行時，應該儘可能的修改文字或緊湊字數，改善之。

對於公文內容，常見人民團體，把公文的說明或辦法表格化，或開會時間、地點及內容，再用 1、2、3 小項分段，是看得比較清楚，但把公文搞成傳單、海報式，就不符合公文規定。

製作公文，應遵守以下全形、半形字形標準之規定：

1.分項標號：應另列縮格以全形書寫爲一、二、三、……，（一）、（二）、（三）……，１、２、３、……，（１）、（２）、（３）；但其中()是半型。

2.內文：文中使用的標點符號，應用全形的標點符號。阿拉伯數字及外文中使用之標點符號，應用半形的標點符號。

（一）受文者：

社會團體，正本、副本的受文者，很常見到受文者：如行文單位。如行文單位，在公務部門是內部作業及公文電子化的用詞，公文草稿往上簽呈時，表示這份公文要寄給那些單位，要附一張發文對象的正本、副本，如行文單位名單，給長官知道用。

紙本的公文，正本的受文者，如果有很多單位，是要一個單位一張公文，一一列印，並在受文者上面，加印出受文者的郵遞區號和地址，如下圖：

發文方式：紙本郵寄

檔　號：
保存年限：

臺中市政府文化局　函

地址：407201臺中市西屯區臺灣大道3段99號
承辦人：
電話：
電子信箱：

420
臺中市豐原區東洲路14號

受文者：樹漆林文史工作室

發文日期：中華民國109年10月5日
發文字號：中市文研字第1090020167號
速別：普通件
密等及解密條件或保密期限：
附件：文化部第1093042468號函文、文化部推廣文學閱讀及人文活動補助作業要點

主旨：函轉「文化部推廣文學閱讀及人文活動補助作業要點」110年度第1期計畫刻受理收件，請轉知或請踴躍提案申請，請查照。

說明：

一、依據文化部109年9月29日文版字第1093042468號函辦理。

二、旨揭要點於本（109）年9月30日以文版字第10920463521號

一般人民團體沒有申請使用「政府的公文電子化處理系統」，最傳統的方法是用文書作業軟體，打公文，再影印、折疊、信封貼名條、裝訂、再拿去郵局，寄出……。

筆者在 2003 年擔任財團法人臺灣同濟兒童基金會第二屆執行長，因為第二屆剛運作沒有秘書可以幫忙做事，自己公司也有事，打好公文後，實在無時間，去影印又折公文、再裝釘、信封貼郵寄名條，再拿去郵局寄……。

所以，建議基金會周綉珍董事長，申請郵局 ePOST 電子郵件服務，先向郵局申請，並繳交一筆儲值金額，寄信再從儲值扣錢。

行政作業上變得很輕鬆，只要用 word 把公文打好，再把要寄出去公文的受文者，出席人、列席人的姓名和地址，Email 給郵局。

郵局 ePost 作業系統，就會幫公文印出來，用機器折好、裝信封，一一寄給受文者的正本、副本及出席人、列席人，會務工作人員就很省力又省時間，後來總會及很多區、會，也採用這樣處理，如下照片：

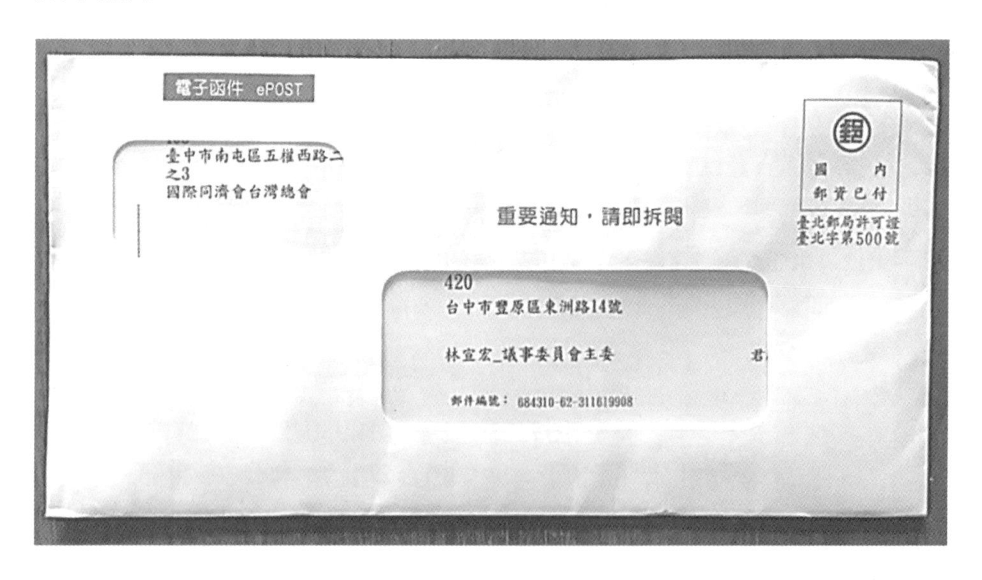

因爲郵局 ePost 電子函件，是電子公文作業之一，是 email 一份公文檔給郵局，去影印，所以每一張公文的受文者內容是一樣的，才會出現受文者：如正本、副本行文單位。

所以，會出現受文者：如正本、副本行文單位，在公務體系是，出現在內部承辦人員草擬公文的草稿，及出現在電子公文的用語。

政府公部門的公文信封有標準格式（如下圖），包括開視窗位置及視窗尺寸，可以透視公文，受文者及地址，當作收件人，就不用在信封外再貼郵寄名條了。

政府的「紙本公文」收文者是每一位正本、副本，每一位出席人或列席人，一人一份列印出來郵寄的，所以每份「紙本公文」受文者都不一樣，一人一份。

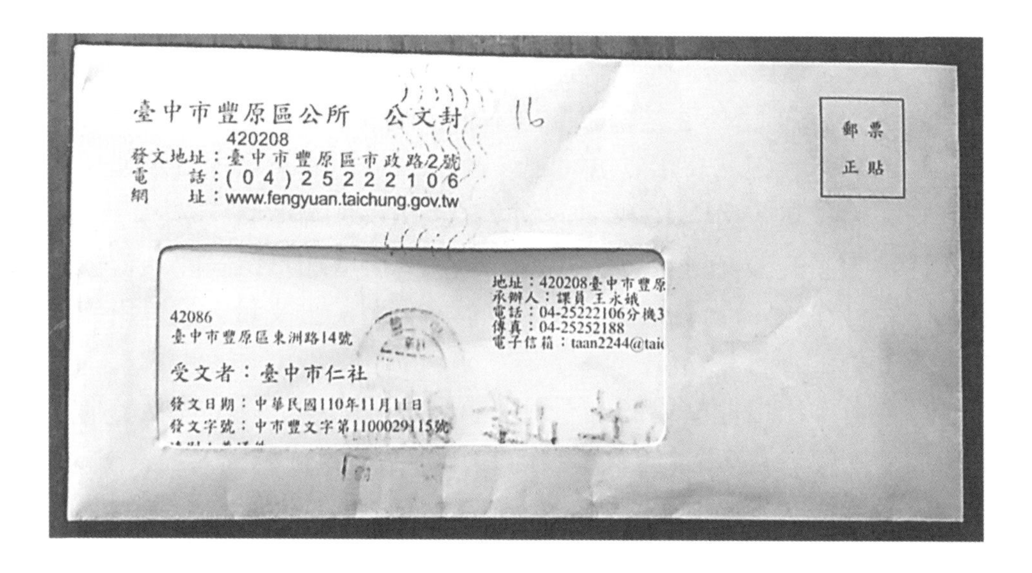

（二）發文日期：

公文用國曆年、月、日，爲發文日期。有社團誤以爲是舉辦活動日期，是不對的。

（三）發文字號：

OO 字第 XXXXXXXXXX 號，其中 OO 字，就是發文代字，一般是選自人民團體名稱或理事長姓名的一個字或兩個字做爲代字。

年度期間，如遇理事長卸任交接更動時，該單位的代字，若沒有用理事長名字，則當年度仍可不用更換，繼續連號使用。

如果因屆別不同，代字又有用理事長名字，年度公文的代字就該重新改變。均以每年或某月變更重新 1 號開始爲原則，第 12345678911 號，以便年度公文統一管理。

發文字號的文號共 11 碼，前 3 碼爲年度，後面 7 碼爲公文的流水號。最後 1 碼爲支號，是代表不同副本，多稿共用，1 是給 1 號副本、2 是給 2 號副本、3 是給 3 號副本，做區別的支號。

社會團體大都沒有用支號，很多政府單位也沒有用支號，如果沒有支號的發文字號是 10 碼，後面 7 碼爲公文的流水號。

社會團體的公文量沒有那麼多，筆者習慣增加月份區隔，留後面 5 碼爲公文的流水號，因爲社會團體一個月的公文量，沒有用到 5 碼那麼多。

以「台中市仁社」爲例，不用理事長姓名的字，只用社團名稱的一個字，作爲發文字號：仁字第 1101000001 號。

仁字，代表「台中市仁社」的仁，前 3 碼爲 110 年度，第 4、5 碼的 10，是代表 10 月份的公文或是部門代號，編號第 00001 號是公文順序的流水編號，第 2 份公文就是第 00002 號。也常見團體使用（110）仁字第 001 號，也是看得懂，但非正確公文的發文字號格式，10 碼編號已經有 110 年度的代號，不需重複（110）。

發文字號每月歸零，到了 11 月再從 00001 號開始，發文字號：仁字第 1101100001 號，到了 111 年 2 月變成：仁字第 1110200001 號開始。

（四）速別：

指希望受文機關或會員收到，要辦理之速別。應確實考量案件性質，填列「最速件」、「速件」或「普通件」。

公部門的公文夾，有用顏色區分如下：1.最速件用紅色。2.速件用藍色。3.普通件用白色。4.機密文書用黃色或特製之保密封套。

（五）密等及解密條件或保密期限：

填「絕對機密」、「極機密」、「機密」、「密」，解密條件或保密期限，於其後以括弧註記。如非機密文書，則不必填列。

（六）附件：

請註明隨公文寄上的附件，例如：企劃書、傳單或財務報表等等，內容名稱、數量（一張、一冊……）或其他有關的說明。

（七）正本及副本：

分別逐一寫出其單位或個人的全名。公文常常看到有：正本、副本，其實有好幾種本，介紹如下：

正本：公文直接要發給的機關、團體或個人，就列爲正本。也是開會通知的出席人。

副本：發文給間接相關或必須瞭解的機關、團體或個人，列席人列爲副本。

稿本：就是撰擬公文的草稿，經簽署、核判、發文後所留下的公文草稿。

抄本：承辦單位存檔留供查考，沒有蓋印信或章戳的公文。

影本：將正本或副本，影印留作查考。

（八）承辦人員：

請留下聯絡電話、手機或 Email，提供收文者有事聯絡。

（九）批示公文用語：

理事長／會長陳判公文稿，應明確批示意見……，同意發出批示「發」；認爲須再考慮批示「緩發」。

（十）公文要蓋騎縫章：

「公文程式條例」及「文書處理手冊」明定，公文有 2 頁以上時，應於騎縫處加蓋騎縫章或職名章，規定旨意在防止公文有變造、抽換之虞。

公文用紙在 2 頁以上時，先用訂書機定起來，再打開折頁，在兩頁折頁處蓋章，稱爲蓋騎縫章，代表這幾頁是相連一起的公文。也有在公文每頁最下面的中間加註，「共 3 頁，第 1 頁」、「共 3 頁，第 2 頁」、「共 3 頁，第 3 頁」。

（十一）蓋簽名職務章戳：

開會通知單及一般事務性「函」的公文，通知、聯繫、洽辦等用途，蓋理事長〇〇〇簽名職務章戳即可。

簽名職務章戳是簽名字型式，長形無邊橫式：長 12.5 公分，高 2.8 公分，字體：會長／理事長的職銜，用約 24 號楷書，會長／理事長姓名可以親自簽名、用書法寫、或用電腦 45 號以上的行書、隸書等等字體。用藍色字印。正確是木質膠字印章，任期內是固定格

式，若用電腦字也必須任內固定格式，不可因爲方便而常改變。若會長／理事長守喪期間使用黑色字，所以平時就忌用黑色字體。

（十二）**蓋印信圖記：**

重要公文、會員大會有改選、要申請當選證書的會議紀錄，申請補助領據等等才蓋印信圖記，以愼重其事。如果會議紀錄不蓋也可以，但會議紀錄，理事長必須在會議紀錄上簽名或蓋章，以示負責。

平時開會通知、理事會會議紀錄及沒有改選會員大會、臨時會員大會的會議紀錄及相關文件，是不蓋用印信爲原則，副本之蓋印與正本同。如果要蓋印信圖記的位置，是在公文發文字號的右側空白爲用印處。

（十三）**文書之歸檔：**

依相關檔案法規辦理。筆者的社團經驗，發文紀錄，用發文字號：1101000001+中文摘要，當做 word 檔名存檔。例如：1101000001 理事會通知。要查詢看檔名就很清楚、很方便。收文紀錄也比照辦理。

8-4 公文寫作的要領

公文寫作要達到「公文程式條例」第 8 條所規定「簡、淺、明、確」的要求，文字的使用應儘量明白曉暢，詞意清晰，其作業要求：

1.正確：文字敘述和重要事項記述，應避免錯誤和遺漏，內容避免偏差、歪曲。切忌主觀、偏見。

2.清晰：文義清楚、肯定。模稜空泛、陳腐贅言與公務無關，均應避免。

3.簡明：用語簡練，詞句曉暢，分段確實，主題鮮明，簡明扼要爲準。

4.整潔：不要有插圖或畫表格，如有需要用附件處理，應保持整潔端正。

5.迅速：自蒐集資料，整理記錄，至寄出公文應在一定時間內完成。

（一）期望語及目的、准駁用語

得視需要酌用「請」、「希」、「查照」、「鑒核」或「核示」、「備查」、「照辦」、「辦理見復」、「轉行照辦」、「應予照准」、「未便照准」等。

人民團體寄給會員開會通知，期望語就用，「敬請準時出席指導」。如果副本、列席者，也寄給上級和政府單位，都適合用這種期望語。

公文用「函」寄出，常見人民團體的公文的主旨：函知，請出席本會辦理捐血活動。其實就直接主旨：敬請出席本會辦理捐血活動。才符合公文用語簡練，簡明扼要爲準。

人民團體寄會議記錄，給政府、上級主管單位，期望語就用「敬請備查」，如果是申請政府補助經費就用「敬請核示」，萬萬不可命令上級，要照你的意思做「請照辦」、「請查照」，對下級單位才可以這樣寫。

（二）**直接稱謂用語**

1.有隸屬關係之機關：上級對下級稱「貴」；下級對上級稱「鈞」；自稱「本」。社團寄公文給政府或上級總會，自稱「本會……」。上級總會對下級分會稱「貴會……」。

2.對無隸屬關係之機關：上級稱「大」；平行稱「貴」；自稱「本」。

3.對機關首長間：上級對下級稱「貴」；自稱「本」；下級對上級稱「鈞長」，自稱「本」。

4.機關（或首長、理事長）對屬員稱「臺端」。

5.機關對人民稱「先生」、「女士」或通稱「君」、「臺端」；對團體稱「貴」，自稱「本」。

6.行文數機關或單位時，如於文內同時提及，可通稱爲「貴機關」或「貴單位」。

8-5 行政院公文電子化處理方案

行政院，推動「公文電子化處理方案」，除了各級政府單位採用外，也有許多公司、法人、事務所、公會、協會等民間組織團體，採用公文電子交換方式，收發未涉機敏性公文，不僅大幅縮短公文傳遞時間，在節約郵資與郵務人力方面，已有顯著成效。

公會、協會等組織團體，請至「XCA 組織及團體憑證管理中心」網站，依憑證 IC 卡申請作業流程的說明操作，這裡不再贅述。

國家發展委員會，推動政府電子化各項創新服務和線上申辦作業時，簽發給各級公私立學校、財團法人、社團法人、行政法人、自由職業事務所及組織團體等 6 類憑證用戶，使用憑證 IC 卡，防止公文在傳輸過程中被僞造或竄改。

8-6　政府函的公文

正　本

發文方式：紙本郵寄

檔　號：
保存年限：

臺中市豐原區公所　函

地址：42082臺中市豐原區市政路2號
承辦人：
電話：
傳真：
電子信箱：

42047
臺中市豐原區東洲路14號

受文者：臺中市仁社

發文日期：中華民國110年9月22日
發文字號：中市豐文字第1100024671號
速別：普通件
密等及解密條件或保密期限：
附件：

主旨：函轉「文化部原住民村落文化發展計畫補助作業要點」受理申請，請貴單位踴躍提案，請查照。

說明：

一、依據臺中市政府文化局110年9月17日中市文源字第1100017393號函辦理。

二、本計畫要點摘要如下：

(一)補助對象：依法設立登記或立案之民間團體(不包括政治團體)、大專校院。

(二)補助金額及執行期程：一年期計畫最高80萬元，二年期計畫最高160萬元。

(三)補助類別：

1、原鄉文化行動計畫類。

2、都市文化行動計畫類。

(四)報名方式及受理時間：本案採線上或紙本二擇一方式辦理。

1、線上申請：請於文化部獎補助系統（網址：https://grants.moc.gov.tw/Web/）報名，並上傳相關文件資料。網站系統開放時間為：即日起至110年10月24日23時59分止。

2、紙本申請：請檢送立案或登記證明影本一份、計畫書、合作對象同意書及相關文件一式十二份，於110年10月

第1頁，共2頁

24日前，以掛號郵寄（郵戳為憑）或專人送達方式至部文化資源司。

三、本計畫培力及徵件說明活動，以線上視訊方式辦理，相關訊息摘要如下：

(一)線上說明會：每場次名額最多80人為原則。

1、原鄉文化行動計畫類線上說明會，訂於9月22日（三）13：30-16：30辦理。

2、都市文化行動行動計畫類線上說明會，訂於9月27日（一）13：30-16：30辦理。

(二)線上諮詢小教室：將邀請專家學者協助提供專業意見，原則採1對1（將依實際報名情形調整因應），訂於10月辦理6場。

四、本要點及徵件說明活動相關訊息，詳見文化部獎補助資訊網（https://grants.moc.gov.tw/Web/），以及原村計畫臉書粉絲專頁（https://www.facebook.com/ipculture106/）。

正本：臺中市豐原區各公寓大廈管理委員會、臺中市豐原區各社區發展協會、臺中市陽明客家協會、臺中市公老坪產業發展協會、臺中市山海屯客家聯盟協會、臺中市東陽休閒產業發展協會、臺中市豐原區廟東復興商圈管理委員會、臺中市仁社、臺中市葫蘆墩觀光發展協會、社團法人台中市父母成長協會、臺中市繁榮葫蘆墩促進會、社團法人臺中市藝造豐原協會、游牧人文創意有限公司

副本：本所人文課

區長洪峰明

本案依分層負責規定授權業務主管決行

■上述是區公所的公文，正本受文者，很多單位，紙本公文就是一個單位一份公文，一一列印，並不是用如行文單位，統一代表。在受文者的上面，印出郵寄該單位的郵遞區號和地址，位置剛好可以顯露在公文信封開口視窗的位置，方便郵寄，省去在信封上貼郵寄名條的工作。

傳遞方式：紙本寄送

檔　號：
保存年限：

外交部　函

機關地址：臺北市凱達格蘭大道二號
承辦人：
電話：
電子信箱：

408
臺中市南屯區五權西路二段666號7樓之3

受文者：財團法人台灣同濟兒童基金會

發文日期：中華民國110年9月17日
發文字號：外條法字第1102555045號
速別：最速件
密等及解密條件或保密期限：
附件：如文

裝

主旨：為落實個人資料保護，請貴會訂定(修正)個人資料檔案安全維護計畫及業務終止後個人資料處理方法(簡稱安全維護辦法)事，詳如說明，請查照。

說明：

訂

一、依據「個人資料保護法」(下稱個資法)第27條、個資法施行細則第12條、「中央目的事業主管機關依個人資料保護法第27條第3項規定訂定辦法之參考事項」及「行政院所屬各機關落實個人資料保護聯繫作業要點」(下稱聯繫作業要點)等規定辦理。

線

二、按行政院業以本(110)年8月11日院授發協字第1102001106號函頒上揭「聯繫作業要點」並自即日生效。該要點除強化資安標準規範，亦訂有非公務機關個資外洩事件通報(知)中央目的事業主管機關等規定；復鑒於邇來迭有非公務機關(含財團法人)發生個資外洩事件，為落實非公務機關個資檔案安全之維護，請貴會參酌「個資法」與相關子法及「聯繫作業要點」等法規，訂定(修正)貴會安全維護辦法報本部備查，並明定發生個資外洩事件後應於24小時內通報本部。

第1頁，共2頁

三、本部另訂定「個人資料檔案安全維護計畫及業務終止後個人資料處理方法檢核表」1份(如附件)，請每季依表內項目自我檢視貴會所定安維辦法妥適性後，於每年1、4、7、10月25日前報本部備參。

四、隨文檢送「聯繫作業要點」及「個人資料檔案安全維護計畫及業務終止後個人資料處理方法檢核表」各1份。

正本：財團法人國際合作發展基金會、太平洋經濟合作理事會中華民國委員會、財團法人臺灣民主基金會、財團法人臺灣亞洲交流基金會、財團法人台灣同濟兒童基金會、財團法人台北論壇基金會

副本：亞東太平洋司、國際組織司、國際合作及經濟事務司、國際傳播司、非政府組織國際事務會、資訊及電務處(均含附件)

裝

部長吳釗燮

訂

線

■這是中央部會，外交部的公文，傳遞方式是紙本公文，和區公所的公文格式，是全國一致、全國統一的規範。部長簽字職章正本是藍色字，本書單色印刷才呈現黑色。

■範例公文中，承辦人姓名、電話、傳真、電子信箱等，因維護個資遮蓋了，正確公文是要填寫清楚。

副本

檔　　號：
保存年限：

教育部國民及學前教育署　函

地　　址：413415臺中市霧峰區中正路738之4號
傳　　真：
聯絡人：
電　　話：

40828
臺中市南屯區五權西路二段666號7樓之3

受文者：國際同濟會台灣總會
發文日期：中華民國111年1月20日
發文字號：臺教國署學字第1110009613號
速別：普通件
密等及解密條件或保密期限：
附件：如說明四

裝

主旨：有關國際同濟會台灣總會主辦「第三屆十大傑出青少年選拔計畫」活動，請協助轉知並鼓勵學生參與，請查照。

說明：

一、依據國際同濟會台灣總會111年1月17日(111)濟清字第1110117046號函辦理。

二、旨揭活動資訊摘述如下：

訂

(一)推薦對象：就讀國內公立與已立案之私立高級中等學校及已向政府立案之同階段實驗教育學校，並具備中華民國國籍之本學年度在學學生。

(二)選拔名額：高中組10名。

(三)推薦方式：

線

1、公開接受各學校機關團體、各地同濟分會及其他社團組織，推薦符合本選拔辦法之候選人，推薦名額以推薦1名為限。

2、採取下載檔案填報，列印書面郵寄方式，資料表均應蓋推薦單位印信及簽章。推薦條件、方式、送審資料、受理時間及單位、審查與評審、頒獎及表揚方式詳如附件，檔案可下載kiwanis.org.tw/p/10。

3、推薦單位及受推薦人應依序檢送下列資料表2份：

行政
111.1.22
郭紓函

第1頁　共2頁

(1)十大傑出青少年受推薦人基本資料表。

(2)十大傑出青少年推薦資料表。

(3)十大傑出青少年蒐集、處理及利用個人資料告知暨同意書。

(4)十大傑出青少年各校(單位)推薦檢核表。

(四)推薦時間：自即日起至111年3月14日(星期一)止。(郵戳為憑)

(五)受理單位:國際同濟會台灣總會(臺中市南屯區五權西路二段666號7樓之3)

三、如有未盡事宜，請逕洽國際同濟會台灣總會全國十大傑出青少年選拔委員會蔡勝屏執行長（電話：[illegible]）或黃旭坤主委（電話：[illegible]）。

四、檢附「國際同濟會台灣總會第三屆十大傑出青少年選拔計畫」1份。

正本：國立暨私立高級中等學校
副本：國際同濟會台灣總會、本署學安組

署長 彭富源

依分層負責規定授權單位主管決行

■請參考這份公文，說明：一、二、三，再（一）、（二）、（三），再 1、2、3，再（1）、（2）、（3）正確編寫順序的範例，切忌自己亂編，製造不正確的公文書。

■兩頁公文，頁底置中加註 第 1 頁 共 2 頁，第 2 頁 共 2 頁的範例，和騎縫章功能一樣。

正本

文化部　函

地址：南投縣草屯鎮中正路573號
聯絡人：
電話：
傳真：
信箱：

420
台中市豐原區西湳里東洲路14號
受文者：樹漆林文史工作室

發文日期：中華民國110年10月14日
發文字號：文授藝典字第1103002719號
速別：普通件
密等及解密條件或保密期限：
附件：請款申請表檢核表一份

裝

訂

線

主旨：貴事業（樹漆林文史工作室）申請本部「受嚴重特殊傳染性肺炎影響積極性藝文紓困(工藝類)計畫補助」之提案，業經審查通過，核定補助新臺幣200,000元，請依說明事項辦理，請查照。

說明：

一、旨揭申請案（案件編號:110-3147-5745-0213）經本部審查小組審議決議，同意補助：

(一)創作能量經費補助200,000元，包含模具製作費、材料費、研發設計費、影片製作費、防疫支出費等經費。

(二)總補助新台幣200,000元，請依上開補助項目修正計畫書，於110年10月29日前檢送修正計畫書等資料辦理請款。

二、本案經費採二期撥付，請款規定如下：

(一)第一期款：修正計畫書審核無誤後，本部將以匯款之方式撥付補助經費百分之八十至貴事業指定之帳戶內。

(二)第二期款：請於計畫完成後10日內，依核定計畫書之工作項目，檢附下列資料辦理請款，審核無誤後，撥付補助經費百分之二十。（詳如附件1）

1、領(收)據。

第1頁，共2頁

2、費用結報明細表、支出憑證總表、粘貼憑證用紙、支出單據及收入支出明細表(蓋大小章)等資料。

3、成果報告書。

三、補助計畫若有販售行為，其收入應扣除必要支出，倘有盈餘，按支出比例繳回。

四、本案後續依「文化部對受嚴重特殊傳染性肺炎影響發生營運困難產業事業紓困振興辦法」、「文化部辦理受嚴重特殊傳染性肺炎影響積極性藝文紓困計畫補助作業須知」規定辦理。

五、執行期間防疫工作以及相關因應措施，請依中央流行疫情指揮中心發布之指引及各項指示辦理。

六、如對本次審查結果有所疑義，請敘明事實、理由，並檢附相關證據，俾利重行審查。

正本：樹漆林文史工作室
副本：國立臺灣工藝研究發展中心主計室、行銷組、典藏組

裝 訂 線

部長 李永得

■這是文化部疫情期間，補助筆者藝文紓困，創作能量經費的公文，中央給人民工作室「函」的公文格式，和政府機關和政府機關往來公文，都是全國一致的規範。

■許多社團的公文內容都看懂，但沒有依照公文標準格式寫，造成五花八門、奇怪的函文，是不正確的公文，會影響到該社團及蓋職務簽名章理事長○○○對外的形象。

8-7 開會通知單的格式

○○○○（團體名稱）開會通知單

聯絡地址：
聯絡人及電話：

受文者：

發文日期：
發文字號：
速別：
密等及解密條件：
附件：議程

開會事由：

開會時間：

開會地點：

主 持 人：

出 席 者：

列 席 者：

理事長○○○　（簽字章）

■解釋說明

1.很多人民團體，開會通知使用「函」的公文格式，也是看懂，只是在公文書範例中，有開會通知單的格式，就用吧！政府單位要開會就用開會通知單。

2.建議團體的理事會、月例會及會員大會的開會通知，還是使用上述開會通知單。「函」的公文是用於檢送會議紀錄、通知事情、申請計畫或傳遞活動及企劃書等等使用。

3.開會通知單上的出席者、列席者，和「函」公文格式中用：正本、副本，是相同的意思，正本等於主要對象是出席者的身分，副本是抄送相關單位或人士列席。

4.會員大會通知，應於會議十五日前通知，理事會等其他會議，應於七日前通知，並函報主管機關備查。

5.使用開會通知單，可以加上備註，將討論提案一併通知給出席者知道。

■公文編輯說明

1.開會通知及「函」的公文，全部用標楷體字型，用 A4 影印紙列印。

2.團體名稱開會通知單：用 20～24 號字，字大一點比較好看。

3.會址：用 12 號字，固定行高 15 點。

4.受文者：用 16 號字。

5.發文日期、發文字號、速別：用 12 號字，固定行高 15 點。

6.主旨、說明及辦法：用 16 號字，固定行高 18 點。

字號及行高有彈性，是避免多一頁，只爲多一行，或多一行只爲多一字，可以增刪詞句微調成爲一行、一頁，是比較完美的編輯習慣。

因爲在公文製作時，如機關團體全銜較長，可將字型縮小一號編製在同一行，或跨頁多出單一行，需上移至前一頁時，可以用縮小行距處理之，得視實際需要，自行微調公文書的版面。

7.「函」公文的說明一、二：「一」和說明的「明」字對準對齊，請參考政府公文的範本。

8.「函」公文的辦法一、二：「一」和辦法的「法」字對準對齊。

9.備註的一、二：「一」和備註的「註」字對準對齊。

10.正本、副本及出席者、列席者：用 12 號字，固定行高 15 點。

11.理事長（會長、社長）職務簽名章：靠公文左邊蓋，可製作成圖檔用插入的。如果用 WORD 電腦打字，理事長（會長、社長）用 24 號字，理事長（會長、社長）的姓名：用 45 號字以上的字。大小比例依理事長喜歡自定。

12.職務簽名章，可以找書法家寫，或用電腦字體的隸書體或碑體等等，最好不要用和公文一樣的標楷體，就不像簽名章了，或理事長自己用毛筆書寫或簽字筆簽名均可。將職稱和姓名，製作成圖檔，公文製作最後，插入簽名職章圖檔也可以，如果是用電腦的字體，同一屆要固定字體及大小，不要每份公文的大小或字體不同。職務簽名章，正常是木條貼橡皮字的印章。用電腦套印方式，其效力等同監印人員蓋印效力。

13.公文內容，全部是黑色標楷字體。但理事長（會長、社長）職務簽名章，是用藍色字印出，除非理事長（會長、社長）守喪期間可使用墨色章戳，常見理事長職務簽名章是用黑色印出，切忌，切記！

14.用 word 打公文時，版面配置、自訂邊界，上、下、左、右，各留 2.5 公分，空白才好看。

15.可以微調公文書的版面，但不可離上述規範太多，否則變成你想寫的文章內容，是私文就不是政府統一規定的公文了。

8-8 行政院開會通知單

檔　　號：
保存年限：

抄本

行政院　開會通知單

受文者：如正副本行文單位

發文日期：中華民國 109 年 12 月 21 日
發文字號：院授發社字第 1091302232 號
速別：普通件
密等及解密條件或保密期限：
附件：會議議程

開會事由：行政院開放政府國家行動方案推動小第 2 次會議
開會時間：109 年 12 月 31 日（星期四）下午 4 時 30 分
開會地點：本院貴賓室（臺北市中正區忠孝東路 1 段 1 號）
主 持 人：唐政務委員兼召集人鳳、龔主任委員兼共同召集人明鑫、彭總經理兼共同召集人啟明
聯絡人及電話：[illegible]（02）[illegible] 分機 [illegible]

出席者：陳委員宗彥、曹委員立傑、劉委員孟奇、蔡委員碧仲、陳委員明堂、謝委員達斌、高委員仙桂、谷縱・喀勒芳安委員、范委員佐銘、陳委員朝建、吳委員秀貞、耿委員璐、林委員依瑩、吳委員銘軒、黃委員長玲、洪簡委員廷卉、邱委員星崴、王委員宣茹、蕭委員新晟、嚴委員婉玲、杜委員文苓、林委員子倫

列席者：本院唐政務委員鳳辦公室、內政部、外交部、教育部、法務部、勞動部、行政院環境保護署、科技部、國家發展委員會、原住民族委員會、客家委員會、中央選舉委員會、本院性別平等處副本：國家發展委員會社會發展處

備註：

一、本次會議資料將於會前另行提供。

二、列席機關請指派具決策層級人員 1 位出席。

三、疫情期間，與會人員請依武漢肺炎（COVID-19）中央流行疫情指揮中心公布之「擴大社交距離注意事項」，適時正確配戴口罩。

■解釋說明

公文流程，承辦人撰擬文稿，經長官決行後，再交給文書單位完成繕打、校對、編號、寄發及歸檔的工作。承辦人留存一份稱爲「抄本」。正本及副本，均用規定的公文紙繕印，蓋用職章戳；以電子文件得不蓋職章戳，但要附加電子簽章。抄本無須加蓋職章戳。

■公文對出席人有職務者禮貌稱呼○委員○○，社團公文也應該○理事○○、○執行長○○、○主席○○禮貌的稱呼。

■開會通知就用開會通知單格式，常見社團亂抄，公文函的內容用開會通知格式，函就用主旨、說明、辦法的格式。

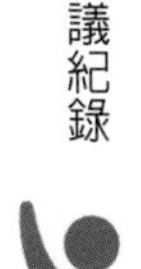

檔　　號：
保存年限：

抄本

內政部　開會通知單

受文者：如行文單位
發文日期：中華民國 109 年 4 月 7 日
發文字號：台內營字第 1090805517 號
速別：普通件
密等及解密條件或保密期限：
附件：備註一（請至國土空間及利用審議資訊專區下載 https://lud.cpami.gov.tw/）

開會事由：召開 109 年度「內政部重要濕地審議小組」第 1 次會議
開會時間：109 年 4 月 24 日（星期五）下午 2 時整
開會地點：本部營建署第 601 會議室（臺北市松山區八德路 2 段 342 號）
主持人：花主任委員敬群
聯絡人及電話：（02）（分機）、（分機）
出席者：吳副主任委員欣修、陳執行祕書繼鳴、許委員文龍、吳委員俊宗、黃委員明耀、李委員素馨、李委員君如、李委員佩珍、張委員麗秋、林委員秋綿、曾委員慈慧、陳委員宣汶、戴委員興盛、施委員上粟、李委員卓翰、羅委員育華、儲委員雯娣、羅委員尤娟、劉委員家禎、顏委員宏哲
列席者：國防部軍備局、國防部軍備局工程營產中心中部地區工程營產處、新竹縣政府、社團法人中華民國荒野保護協會新竹分會（以上為討論案第 1 案）、台灣電力股份有限公司、財政部國有財產署、高雄市政府、高雄市永安區公所（請協助轉知里長）、高雄市議員黃捷服務處、高雄市茄萣生態文化協會、社團法人高雄市野鳥學會、社團法人台灣濕地保護聯盟、社團法人中華民國荒野保護協會、財團法人地球公民基金會（以上為討論案第 2 案）
副本：濕地輔導顧問團、本部營建署資訊室（請協助刊登所署網頁）、祕書室（警衛室）、國家公園組（含附件）、濕地保育小組、城鄉發展分署

備註：

一、檢附會議議程及相關資料1份，請攜同本開會通知單與會。
二、本委員會其他機關代表之委員，如因故不能出席，請依內政部重要濕地審議小組設置要點第7點第3項規定，指派代表出席。
三、本次會議若涉及其他單位業務，再請協助轉知。
四、會議開會時，除出席委員、列席機關代表、會議工作人員、相關通知列席說明者及各級民意代表外，申請發言或旁聽之居民、居民代表及相關團體等，得向本部營建署提出申請進入會場或旁聽區（室）。
五、申請發言之人數，請依「內政部國土空間計畫審議會議及會場管理要點」規定辦理，以利會議順利舉行：
（一）於本部「國土空間及利用審議資訊專區」線上申請者，人數以5人為原則，必要時得增至10人。
（二）以前款線上方式以外之其他方式（包括書面、電子、口頭、現場報名等）申請者，申請發言之人數參照行政程序法第27條規定由多數有共同利益之當事人選定其中1人至5人代表為原則，必要時得增至10人。
（三）前2款之申請以1次為限，且申請發言之團體，每團體以推派1人為原則。
（四）以第1款線上方式申請者，其申請發言人數超過該款規定時，以案件之利害關係人為先，申請時間先後為次。
六、本次會議資料可另至「國家重要濕地保育計畫」網站/最新消息下載（網址：http://wetland-tw.tcd.gov.tw）。
七、配合中央嚴重特殊傳染性肺炎（COVID-19）防疫政策，與會人員請務必戴上口罩再進入會場開會；有發燒、咳嗽等身體不適情形者，請勿參加會議，如有意見表達請改以書面意見提供。

8-10 國慶籌備委員會開會通知單

檔　號：
保存年限：

裝

中華民國各界慶祝110年國慶籌備委員會　開會通知單

408
臺中市南屯區五權西路2段666號7樓之3
受文者：國際同濟會臺灣總會

發文日期：中華民國110年10月22日
發文字號：慶籌秘字第1100530160號
速別：普通件
密等及解密條件或保密期限：
附件：如備註一

開會事由：召開中華民國各界慶祝110年國慶籌備委員會第3次常務委員會議

開會時間：110年11月8日（星期一）下午4時

訂

開會地點：立法院群賢樓101會議室（臺北市濟南路1段1號）

主持人：游主任委員錫堃

聯絡人及電話：[illegible]02-[illegible]

出席者：總統府、立法院、內政部、外交部、教育部、經濟部、交通部、勞動部、衛生福利部、行政院環境保護署、文化部、僑務委員會、原住民族委員會、客家委員會、行政院主計總處、內政部警政署、國防部政治作戰局、國防部軍備局、國防部憲兵指揮部、交通部觀光局、交通部臺灣鐵路管理局、臺北市議會、臺北市政府、新北市議會、新北市政府、臺中市議會、臺中市政府、桃園市議會、桃園市政府、臺南市議會、臺南市政府、高雄市議會、高雄市政府、新竹市政府、中華文化總會、中國青年救國團、中華民國全國工業總會、中華民國全國商業總會、中華民國西藥代理商業同業公會、全國家長團體聯盟、中華民國工商協進會、中華民國工業區廠商聯合總會、中華民國全國創新創業總會、中華民國全國總工會、世界自由民主聯盟中華民國總會、台灣婦女團體全國聯合會、國際同濟會臺灣總會、國際扶輪臺灣總會、國際青年商會中華民國總會、國際獅子會臺灣總會、中華民國全國建築師公會、本會陳副主任委員錦祥、蔣副主任委員根煌、邱副主任委員奕勝、張副主任委員清照、郭副主任委員信良、曾副主任委員麗燕、陳秘書長宗彥、吳副秘書長慶昌、劉副秘書長奕霆、沈副秘書長慧虹、史副秘書長哲、呂執行長清源、吳副執行長林輝、鄭副執行長兼秘書處處長英弘、大會處、晚會處、焰

線

火處、環境布置處、秩序處

列席者：國家安全局特種勤務指揮中心

副本：本會秘書處(事務組、會計組、資訊組、新聞組、緊急救護組)(均含附件)

備註：

一、檢附會議議程1份，會議資料於會場分發。

二、請持本開會通知單進入會場，並自備口罩全程配戴。

三、為珍惜地球資源，請自備環保杯。

四、請各受文單位於本（110）年11月4日（星期四）下班前回復出席人數，如有提案請於本年11月3日（星期三）中午前傳送秘書處彙整，電子信箱：moi1725@moi.gov.tw。

中華民國各界慶祝110年國慶籌備委員會

■官方公文，一定有騎縫章或1頁，共2頁的標示，這份兩種都有。

8-11 國際同濟會台灣總會開會通知單

檔　　號：
保存年限：

國際同濟會台灣總會　開會通知單

受 文 者：如出席者、列席者

發文日期：中華民國 110 年 10 月 12 日
發文字號：濟清字第 1101012018 號
速　　別：普通件
密等及解密條件或保密期限：普通
附　　件：

開會事由：第 48 屆第 3 次理事會會議。
開會時間：110 年 11 月 10 日（星期三）下午 14：00 會議開始
開會地點：台中總會館（台中市五權西路二段 666 號 7 樓之 3）
主持人：總會長 張維清
聯絡人：總會秘書長 余明武

備　註：

一、重要會議請務必參加，推行守時運動並請準時出席。

二、理事如有提案請於三天前送達總會。

出席者：總會常務理監事、理事（區主席）
列席者：總會監事、總會首席、各委員會主委
副本：

總會長 張維清

■解釋說明

這份公文是國際同濟會台灣總會，利用郵局ePost電子函件處理的電子公文，所以受文者是如出席者、列席者。

8-12 會議紀錄

有的會議主持人喜歡在開場時說：等一下會議上，希望大家能暢所欲言，於是一個發言接著一個，鼓勵大家發言，輪流發言討論，把會議當成聯誼會，要公平一一的發言，慢慢會發現整場會議下來，大家愈來愈累，最後好像沒有時間完成有效的結論？

不是所有的會議都要出席人一一發言，尤其更多的會議是要「解決問題」、「推動專案進度」，這個時候發言不是目的，解決問題才是正途。

關於「紀錄」與「記錄」二詞，在辭典將紀錄與記錄視爲通同。但根據行政院公布的〈法律統一用字表〉的規定，凡作爲名詞時用「紀錄」，作動詞時則用「記錄」。「紀」部首爲「糸」是一種細的絲，故紀錄的詞義，應用於書冊的資料較爲適當，例如：會議紀錄。「記」部首爲「言」，使記字的詞義定爲動詞，例如：我將他演講內容記錄下來。

常聽到被安排擔任會議紀錄者，傷透腦筋表示，到底要記錄那些內容？比較好呢？將自認爲很重要的發言，一一用筆記寫下來，拚命的留下紀錄、不願意漏失任何一句話嗎？

由於筆記是匆忙之下所寫，不是直接給他人看的東西，必須在會議後，用文書軟體重新再謄打一次。這過程相當花時間，當把這份整理好的會議紀錄，發送給大家時，自己也不禁會產生，有必要發送這份會議紀錄嗎？應該沒有一個人會重複看好幾次吧？果不其然，前輩們看一眼會議紀錄，就收入資料夾裡，或丟入垃圾桶，似乎完全無用武之地，眞的是浪費時間的工作？

與其說寫下會議紀錄，倒不如說是隨發言人的重點、發言立場、發言結論做重點紀錄，來得更爲適切。針對社會團體開會的紀錄，參考案例如下：

8-13 第一次理事會的會議紀錄

國際同濟會台灣總會○○區○○同濟會

第○屆第一次理事會　會議紀錄

一、時間：○○年○○月○○日上午○○時

二、地點：○○○○○○○○○○○

三、出席：李○○、林○○、張○○、廖○○、陳○○、呂○○、劉○○、許○○、葉○○

四、請假：無

五、會議開始

六、推選主席

七、主席：○○○　　　　　　　　記錄：○○○

八、主席宣布開會

四、朗讀國際同濟會信條及定義宣言

五、確認本次會議議程：無異議認可

六、介紹來賓：(略)

七、主席致詞：(略)

八、來賓致詞：(略)

九、報告事項：(略)

十、選舉第○屆三位常務理事：

1. 發票：單○○，唱票：郭○○，監票：許○○，計票：劉○○
2. 常務理事當選人：李○○9 票、張○○8 票、呂○○6 票

十一、選舉第○屆會長：

會長當選人：李○○9 票

十二、新任會長致詞：(略)

十二、討論提案

案由一：決定本會會址處所案。

說明：已取得會址使用同意書，使用一年以上的使用權證明，如附件。

決議：通過，新會址設於本市○○路○號，電話：○○○

案由二：通過新任會長提名之秘書長、財務長及聘任人員案

決議：秘書長○○○、財務長○○○及聘任支薪秘書○○○小姐

十三、臨時動議：無

十四、主席結論：(略)

十五、唱同濟會會歌

十六、散會

■解釋說明

1.因爲是新屆別的第 1 次理事會，由會員大會剛剛選出的 9 位理事，推選一位擔任主席。

2.先選舉常務理事，由剛剛選出的9位理事中，最多圈選3位，圈選 2 位或 1 位都可以，沒有圈選空白票及圈選 4 位以上都是廢票。由9位理事互選出最高票3位爲常務理事，也稱爲副會長，依票數高低還可以分爲第1副會長、第2副會長。

3.再選舉會長，以3位常務理事爲候選人，由全體9位理事投票，圈選1位最高票數當選會長。沒有圈選空白票及圈選2位以上都是廢票。

4.會址若隨著新會長改變，也要在這次會議中，提案變更辦公及通訊地址，如果仍是原址就不需要此提案。

5.新當選會長在這裡宣布聘請誰擔任秘書長、財務長或行政祕書，一併通過。

6.選舉常務理事及理事長，每人的得票數也要記錄，是給主管機關很重要的資料，函送會議紀錄即可，就不用拍照附選舉的開票統計表。

7.民法第45條到第58條，是針對社團的規定。

第 52 條規定，1.總會決議，除本法有特別規定外，以出席社員過半數決之。2.社員有平等之表決權。3.社員表決權之行使，除章程另有限制外，得以書面授權他人代理爲之。但一人僅得代理社員一人。4.社員對於總會決議事項，因自身利害關係而有損害社團利益之虞時，該社員不得加入表決，亦不得代理他人行使表決權。

第 53 條規定，1.社團變更章程之決議，應有全體社員過半數之出席，出席社員四分三以上之同意，或有全體社員三分二以上書面之同意。2.受設立許可之社團，變更章程時，並應得主管機關之許可。

第 56 條規定，1.總會之召集程序或決議方法，違反法令或章程時，社員得於決議後三個月內請求法院撤銷其決議。但出席社員，對召集程序或決議方法，未當場表示異議者，不在此限。2.總會決議之內容違反法令或章程者，無效。

所以，開會的決議和會議紀錄，很重要！

8-14 第一次監事會的會議紀錄

國際同濟會台灣總會○○區○○同濟會

第○屆第一次監事會　會議紀錄

一、時間：○○年○○月○○日上午○○時
二、地點：○○○○○○○○○○○
三、出席：林○○、陳○○、廖○○
四、請假：
五、會議開始
六、推選主席
七、主席：廖○○　　　　　　　　　　　　記錄：李○○
八、主席宣布開會
四、朗讀國際同濟會信條及定義宣言
五、確認本次會議議程：無異議認可
六、介紹來賓：(略)
七、主席致詞：(略)
八、來賓致詞：(略)
九、報告事項：(略)
十、選舉：

1.全體監事，選舉一位常務監事

選舉結果，常務監事當選名單：廖○○3 票

十一、新當選常務監事致詞：(略)
十二、臨時動議：無
十三、主席結論：(略)

十四、唱同濟會會歌

十五、散會

■1.因爲是新屆別的第 1 次監事會，由剛剛選出的 3 位監事互推選一位擔任主席。

2.選舉常務監事，以 3 位監事爲候選人，由全體 3 位監事投票，圈選 1 位，最高票者當選爲常務監事。

8-15　同濟會函送理事會會議紀錄的公文範例

高雄市金蘭國際同濟會　函

受文者：如正本副本行文單位
發文日期：中華民國 110 年 11 月 15 日
發文字號：金濟妃字第 1101100009 號
速別：普通件
附件：本會第 35 屆第三次理事監事聯席會會議紀錄

主旨：檢送本會第 35 屆第三次理事監事聯席會，會議紀錄一份，敬請核備。

正本：高雄市政府社會局、國際同濟會台灣總會、高屏 A 區潘主席妲晚、本會理事監事暨全體會姐
副本：朱前總會長宏哲、廖前任區主席明正、李候任區主席宏章、陳王總會首席督導長月娥、金總會督導長（輔導人）更生、梁區副主席麗英、陳區副主席志賢、周區副主席宏濱、鄒區秘書長富梅、張區財務長水好、賴區總執行長惠莉、陳區總召集長榮義、蕭區教育長玲貞、莊區行政事務長國榮、曾總會授權代表凡耿、薛區執行長淑菈、母會陳會長伯賢、高屏 A 區各友會會長

會長 黃淑妃

■會議紀錄內容，當公文的附件，一併寄出。
正本、副本，都依職務別尊稱。

8-16 青商會理事會的會議紀錄範例

國際青年商會中華民國總會豐原國際青年商會

2021 年度第八次理事會會議紀錄

一、時間：2021 年 8 月○日（星期○）下午七時三十分
二、地點：本會會館
三、主席：○會長○○記錄：○秘書長○○
四、出席人數：應到理事 9 位，實到 8 位
五、出席：○○○、○○○、○○○、○○○、○○○、○○○、○○○、○○○
六、請假：○○○
七、列席：○○○、○○○、○○○、○○○、○○○
八、主席宣布開會
九、朗誦青商信條

我們深信

We Believe

篤信眞理可使人類的生命具有意義和目的

That faith in God gives meaning and purpose to human life

人類的親愛精神沒有疆域的限制

That the brotherhood of man transcends the sovereignty of nations

經濟上的公平，應由自由的人通過自由企業的途徑獲得之

That economic justice can best be won by free men through free enterprise

健全的組織應建立在法治的精神上

That government should be of laws rather than of men

人格是世界上最大的寶藏

That earth's great treasure lies in human personality

服務人群是人生最崇高的工作

And that service to humanity is the best work of life

朗誦青商使命 JCI Mission：

提供發展機會促進青年人創造積極正向的改變。

To provide development opportunities that empower young people to create positive change

朗誦青商願景 JCI Vision：

成為領導青年積極公民的全球網絡。

To be the leading global network of young active citizens

十、確認本次會議議程：無異議認可

十一、確定上次會議紀錄：無異議認可

十二、會長致詞：（略）

十三、聘請本次會議法制顧問：O法制顧問OO

十四、報告事項：9/9 拜訪外埔分會、9/18 本會中秋聯歡晚會、9/24 中區高爾夫球比賽

十五、討論事項：

案由一：2021 年 7 月份財務報表討論案

提案人；O財務長OO，附署人；O理事OO

說明：詳如附件一財務報表

決議：修正後通過

案由二：中秋節聯誼暨 OYB 聯合月例會烤肉活動討論案
提案人：O秘書長OOO，附署人：O理事OO
說明：依年度工作計畫執行，依防疫規定戶外人數
辦法：時間：9 月 18 日（六）晚上 6 時地點：O會長OO宅邸
總幹事：O理事OO
經費：中秋聯誼聚餐預算撥出 25,000 元整，OYB 聯合月例會聚餐聯誼預算撥出 20,000 元整，歡迎會兄會姊熱情贊助經費或美食。
決議：修正後通過，配合政府防疫政策

案由三：海地強震，青商志工招募討論案
提案人：O副會長OO，附署人：O秘書長OO
說明：響應總會人道救援活動，本會擬派員參加
辦法：推舉召集人召集
決議：通過，付委O副會長OO召集前往參加

案由四：第九次理事會，時間地點討論案
提案人：O秘書長OO，附署人：O財務長OO
說明：依年度工作計畫進行
辦法：時間：9 月O日晚上 7 時 30 分
地點：本會會館
決議：通過

案由五：拜訪外埔分會理事會討論案
提案人：O秘書長OO，附署人：O理事OO

說明：拜訪外埔分會理事會，聯絡感情及會務交流

辦法：時間 9 月 9 日（四）晚上 7 時、地點：布英雄文化創意館（臺中市外埔區中山路 339 號），召集人：O秘書長OO

決議：修正後通過

案由六：會嫂聯誼活動，財務結算討論案

提案人：O理事OO，附署人：O理事OO

說明：依本會年度工作舉辦完成，詳如附件三，會嫂聯誼委員會財務結算表

決議：通過

案由七：社會人士OOO先生，入會見習討論案

提案人：O理事OO，附署人：O理事OO

說明：OOO會員推薦，OOO先生加入本會共同學習成長

辦法：入會申請表，經理事會審核通過後，繳交 3000 元見習費入會見習，由O理事OO輔導

決議：通過

案由八：見習會友OOO，成爲正式會員討論案

提案人：O秘書長OO，附署人：O理事OO

說明：見習會友OOO積極參與本會舉辦的社服活動、月例會，列席理事會及活動籌備會，超過三次，請通過見習會友OOO成爲豐原青商會正式會友

決議：通過

案由九：參加中二區總會理事盃，奧瑞岡辯論比賽案
提案人：O理事OO，附署人：O理事OO
說明：O理事OO擔任召集人，組隊訓練及參加，奧瑞岡辯論委員會，預算撥出 5000 元
決議：通過

十六、自由發言：(略)

十七、臨時動議

案由：本會優秀會友OOO參與國際青年商會中華民國總會全國特友會，中二區執行主席選舉討論案
動議：O秘書長OO，附議：O理事OO

說明：本會優秀會友OOO曾擔任本會 OB 會主席及中區特友會財務長，盡忠職守、深獲肯定，推薦參選是豐青之光

辦法：1.繳交參選保證金 5 萬元，登記參選流程結束後歸還，若未完成競選流程，保證金撥入本會長發基金
2.本會全力支持

決議：通過

十八、散會

■從青商會理事會的會議紀錄，可以了解，青商會的議事運作及組織文化的不同。對提案人、附署人，均依職務尊稱O理事OO。

8-17 會員大會的會議紀錄範例

國際同濟會台灣總會　ＯＯ區ＯＯ同濟會

第十屆會員大會　會議紀錄

時間：0年0月0日ＯＯ時　　地點：ＯＯＯＯＯＯ

主席：ＯＯＯ　　司儀：ＯＯＯ　　記錄：ＯＯＯ

出席人員：○○人（含委託出席○人）

缺席人員：○人

請假人員：○人

列席人員：（載明單位職稱及姓名）

應到：ＯＯ位，實到：ＯＯ位，詳如簽到表

一、大會開始，全體肅立

二、主席就位，鳴開會鐘

三、唱國歌

四、向國旗暨 國父遺像行禮

五、朗讀國際同濟會信條及定義宣言

六、介紹來賓：（略）

七、確認本次會議議程：無異議認可

八、主席致詞：（略）

九、來賓致詞：（略）

十、報告事項：

（一）理事會工作報告

（1）年度會務報告／秘書長

1.上次大會決議案執行情形，請參閱附件一

2.年度工作計畫執行情形，請參閱附件二

（2）年度財務報告／財務長

1.年度各項費用繳費明細，請參閱附件三

2.年度收支明細財務決算表，請參閱附件四

（二）監事會工作報告／常務監事

會務活動執行成果檢討與財務收支審查報告，請參閱附件五

十一、討論提案：

案由一：第九屆年度財務決算審查案。

提案單位：理事會

說明：請參閱附件四，財務決算表

決議：修正後通過

案由二：第十屆年度工作計畫案。

提案單位：理事會

說明：請參閱附件六，新年度工作計畫表

決議：通過

案由三：第十屆年度財務預算案。

提案單位：理事會

說明：請參閱附件七，新年度財務預算表

決議：通過

十二、自由發言：（略）

十三、臨時動議：無

十四、選舉

（1）請法制顧問，講解選舉法規

（2）選務主委，提名選務人員（發票○○○、唱票○○○、記票○○○、監票○○○）

十五、主席宣布當選名單

（1）理事：ＯＯＯ55 票、ＯＯＯ53 票、ＯＯＯ51 票、ＯＯＯ48 票、ＯＯＯ45 票、ＯＯＯ44 票、ＯＯＯ38 票、ＯＯＯ37 票、ＯＯＯ35 票。候補理事：ＯＯＯ34 票、ＯＯＯ33 票、ＯＯＯ31 票

（2）監事：ＯＯＯ51 票、ＯＯＯ49 票、ＯＯＯ48 票，候補監事：ＯＯＯ45 票

十六、新當選會長致謝詞：（略）

十七、新當選會長提名通過會務人員：秘書長ＯＯＯ、財務長ＯＯＯ、法制顧問ＯＯＯ

十八、會議講評：（略）

十九、主席結論：（略）

二十、唱同濟會歌

二十一、散會（主席鳴閉會鐘）

■會員大會的會議紀錄，函送給主管機關，應檢附下列項目表冊：

1.公文

2.會員大會的會議紀錄

3.舊年度經費收支決算表

4.新年度經費收支預算表

5.新年度工作計畫

6.理事監事簡歷名冊

7.會址使用同意書（如：屋主同意書，等相關證明文件）
8.修改章程對照表（無則免）
9.申請會長當選證明書，附 2 吋相片

■非國際社團的社會團體，都是會員大會當天選舉後，會務就辦理移交下一屆理事長，由新任常務監事監交，移交清冊目錄包括：一、圖記移交清冊，二、檔案移交清冊，三、業務移交清冊、財產移交清冊，五、人事移交清冊。移交接收人：(簽章)、移交卸任人：(簽章)、監交人：新任常務監事（簽章)。

8-18　函送會議通知及會議紀錄給內政部

內政部，針對全國性的社會團體，會議通知、會議紀錄，可以利用電腦網路系統上傳，110 年 11 月又新增摘要版，社會團體開會通知單、理事會、監事會申辦事項紀錄、會員（代表）大會申辦事項紀錄，改用簡單摘要版表格寄送就可以，不用再郵寄紙本函的公文或正式的開會通知單，可以節省內政部及社會團體，承辦人員的工作量和團體的作業成本。

唯一是，有改選理監事及理事長（會長、社長），那次會員大會的會議紀錄，必須回到傳統紙本函的公文，附件是詳細的會議紀錄，包括：選舉票數、當選名單等等。

1.線上報送的方法

請到內政部合作及人民團體司，網站首頁，點擊「系統登入」、「立案團體帳號申請」則進入申請頁面。依照欄位填入資料，並掃描「立案證書影本」檔案上傳。系統會寄出認證信，傳至申請時所填寫的電子信箱。

收到後點擊信件內「按此啟用帳號」，帳號認證成功。團體的承辦人員開通帳號，以後在「會議紀錄及會議通知」選擇「會議通知送審」點擊「新增內容」再點擊「送審」即可。

線上報送會議紀錄，在「會議紀錄及會議通知」選擇「會議紀錄送審」點擊「新增會議紀錄」後，選擇會議「類別」按照欄位填寫內容後，將「會議紀錄檔案」上傳後，按「確定」即完成線上報送。

線上報送後，登入系統後台，在「送件夾」內檢視已送出項目，點選「流程」即可知道審核的進度。送審後呈現【已收件】，承辦人點閱案件後呈現【處理中】，承辦人閱後系統回覆團體單位，收到回覆通知信件，點選連結呈現【結案】就完成會議紀錄送審。

2.摘要版寄送的使用方法

摘要版，社會團體開會通知單，理事會、監事會申辦事項紀錄，會員（代表）大會申辦事項紀錄，可以到內政部合作及人民團體司，https://www.moi.gov.tw/News.aspx?n=14120&sms=12413

表單下載，還可以下載：選舉票格式、會址使用同意書、理事長移交清冊、會員大會委託書、社會團體簽到表及全國性社會團體法規注意事項等等。

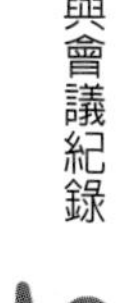

社會團體開會通知單

<table>
<tr><td>團體名稱</td><td colspan="7"></td></tr>
<tr><td rowspan="2">聯絡人</td><td>姓名</td><td></td><td>電子信箱</td><td colspan="4"></td></tr>
<tr><td>電話</td><td></td><td>地址</td><td colspan="4"></td></tr>
<tr><td rowspan="5">會議名稱</td><td>請勾選</td><td>會議類型</td><td>屆次</td><td rowspan="4">主席</td><td>請勾選</td><td>職稱</td><td>姓名</td></tr>
<tr><td>☐</td><td>會員大會</td><td>第○屆第○次</td><td>☐</td><td>理事長</td><td>○○○</td></tr>
<tr><td>☐</td><td>理監事
聯席會</td><td>第○屆第○次</td><td>☐</td><td>常務監事
（單獨召開
監事會時）</td><td>○○○</td></tr>
<tr><td>☐</td><td>理事會</td><td>第○屆第○次</td><td>☐</td><td>○○○</td><td>○○○</td></tr>
<tr><td>☐</td><td>監事會</td><td>第○屆第○次</td><td>出席
人員</td><td>○人</td><td>列席人員</td><td>○○○</td></tr>
<tr><td>時間</td><td colspan="7">○○○年○○月○○日○○時○○分</td></tr>
<tr><td>地點</td><td colspan="7">○○○○○</td></tr>
<tr><td colspan="8">重要議程</td></tr>
<tr><td>案由
（請勾選）</td><td colspan="7">提　　案</td></tr>
<tr><td>☐</td><td colspan="7">年度工作報告、決算書表</td></tr>
<tr><td>☐</td><td colspan="7">年度工作計畫、收支預算表</td></tr>
<tr><td>☐</td><td colspan="7">變更會址或聯絡電話</td></tr>
<tr><td>☐</td><td colspan="7">設置辦事處</td></tr>
<tr><td>☐</td><td colspan="7">擬定會員代表選舉辦法</td></tr>
<tr><td>☐</td><td colspan="7">通訊選舉辦法</td></tr>
<tr><td>☐</td><td colspan="7">理監事請辭</td></tr>
<tr><td>☐</td><td colspan="7">辦理選舉事宜</td></tr>
<tr><td>☐</td><td colspan="7">……如欄位不足，請自行增列。</td></tr>
</table>

說明：

一、大會開會通知應於開會 15 日前、理監事會議通知應於 7 日前，以系統報送內政部，並依章程規定方式通知各應出席人員。

二、為消除性別歧視，促進性別平等，呼應國際重視性別平等議題之潮流，落實《消除對婦女一切形式歧視公約》（CEDAW）之精神，辦理各項選舉時，請出席人員考量任一性別人數不低於三分之一之原則投票。

理事長：________________（請檢附親自簽名或蓋章之正本）

中華民國___年___月___日

8-19 函送會議通知及會議紀錄給縣市政府

本書出版前，筆者詢問縣市政府的社會局處，尚未實施社會團體，會議通知、會議紀錄，電腦網路系統上傳的線上報送方法，及摘要版的社會團體開會通知單、理事會、監事會申辦事項紀錄等等。只有內政部正在試辦，縣市政府的社會局處，尚未跟進，未來依內政部試辦結果，也許會朝向簡便作業，敬請期待。

目前在縣市政府的社會局處，立案的社會團體，仍用紙本，標準公文格式的開會通知單，及紙本函的公文，附件是理事會、監事會、會員大會的會議紀錄，郵寄縣市政府的社會局處。

8-20 印信的使用規定

本書會有印信使用規定的單元，就是常見社團的開會通知單及理事會的會議紀錄，很多都蓋團體的印信圖記滿天飛，希望不要再亂蓋了。

行政院民國 96 年頒布法規名稱：印信條例。印信的種類有：一、國璽。二、印。三、關防。四、職章。五、圖記。

印信的質料：國璽用玉質；總統及五院之印用銀質；總統、副總統及五院院長職章，用牙質或銀質；其他之印、關防、職章均用銅質。圖記用木質。

印信的形式：國璽爲正方形，國徽鈕；印、職章均爲直柄式正方形；關防、圖記均爲直柄式長方形。

中央及地方機關之印信，其首長爲薦任以上者，由總統府製發；爲委任者，由其所屬主管部、會或省（市）縣（市）政府依定式製發。

人民團體法 110 年 1 月 27 日內政部修正，人民團體的圖記自行製用，拓印模送主管機關備查即可，其長、寬直徑三公分以上均可，不適用印信條例相關規定。

人民團體的圖記印信：蓋用於公務業務及證明各項重要文件上。平常通知月例會、開會通知、會議記錄是不用蓋圖記印信，只要蓋職章，理事長○○○或會長○○○，即可。

唯一是有改選理事監事又選出新任理事長，函送這次會員大會的會議紀錄，申請新會長當選證書或申請政府補助經費的領據，就蓋職章也要蓋圖記，是業務上證明這是重要文件才蓋。

常見社會團體的圖記印信亂蓋，有蓋在中間最上面○○○協會函的上面。也有蓋在最下面，理事長○○○職章的右邊空白處，都不對。

圖記印信，正確是蓋在公文的：發文日期、發文字號、速別、密等和附件，右邊的空白處。

團體頒發：聘書、證書及感謝狀等等重要文件，就要蓋圖記印信，以慎重其事。位置沒有特別規定，一般常見蓋在下面空白處或蓋在下面年月日的日期上。

8-21 印信使用於公告、獎狀、聘書、證書及感謝狀的範例

正　本

檔　　號：
保存年限：

臺中市政府　公告

發文日期：中華民國110年9月7日
發文字號：府授衛疾字第11002304481號
附件：

主旨：為防治嚴重特殊傳染性肺炎，預防疫情擴散，公告本市烤肉活動應遵守之防疫措施，並自即日起生效。

依據：傳染病防治法第37條第1項第6款。

公告事項：

一、執行期間：即日起至110年9月21日止。

二、本市戶外公共場域（含騎樓）禁止烤肉，家戶內烤肉以同住家人為限。

三、違反本防疫措施經勸導不聽者，依傳染病防治法第70條第1項規定，處新臺幣3千元以上1萬5千元以下罰鍰；必要時，並得限期令其改善，屆期未改善者，按次處罰之。

本案依分層負責規定授權主管局長決行

■這是疫情期間，中秋節前，臺中市政府禁止烤肉的公告。印信是蓋在發文日期和發文字號，右邊的空白處。

檔　號：
保存年限：

衛生福利部、金融監督管理委員會、
國軍退除役官兵輔導委員會、交通部、經濟部、
教育部、國防部、文化部、內政部　公告

發文日期：中華民國109年12月1日
發文字號：衛授疾字第1090102175號
金管秘字第10901945411號
輔醫字第1090090987號
交航字第10950153031號
經商字第10902056100號
臺教綜(五)字第1090170776A號
國醫衛勤字第1090258439號
文源字第10910445181號
台內民字第10901453061號
附件：高感染傳播風險場域例示

主旨：為防治嚴重特殊傳染性肺炎，進入本公告所示高感染傳播風險場域應佩戴口罩，並自中華民國109年12月1日生效。

依據：

一、傳染病防治法第37條第1項第6款。

二、109年11月17日嚴重特殊傳染性肺炎中央流行疫情指揮中心第55次會議決議。

公告事項：

一、高感染傳播風險場域，指不易保持社交距離，會近距離接觸不特定人，可能傳播嚴重特殊傳染性肺炎之室內場所(例示如附件)。

■這是疫情期間，中央各部會宣導，要佩戴口罩的聯合公告。印信是蓋在發文日期和發文字號，右邊的空白處。各單位的發文字號是10碼或11碼。

內政部

Ministry of the Interior Award

獎狀

台內團字第1090282338號

國際同濟會台灣總會
積極推展團體公益服務成效卓著獲評為
109年度全國性社會團體公益貢獻獎金質獎
特頒此狀用資獎勵

部 長 徐國勇

中華民國 109 年 11 月 3 日

■內政部，針對國內六萬個社會團體評鑑，這是國際同濟會台灣總會，榮獲全國性社會團體公益貢獻獎金質獎的表揚獎狀，等於榮獲全國社會團體的金馬獎。

■獎狀，要蓋頒獎單位的印信圖記，以示尊重。印信蓋在何處並無相關規定，只有依靠慣例及傳承，詢問擔任文書單位主管兼辦監印前輩說：如須加蓋機關印信，除「公告」蓋在右上角空白處外，其他例如：任命令、獎狀、證書等，大都蓋在年、月、日上面，俗稱爲「騎年蓋月」，將印信的左邊，對準中華民國「國」字的旁邊蓋印，蓋印要將文件當作藝術品，除莊嚴外也要讓表面具有美感，印色不均匀就重來。

大葉大學聘書

大葉(102)人兼字第021號

茲敦聘

林宣宏先生為本校餐旅管理學士學位學程兼任講師

並訂聘約如下：

一、聘期：自民國一〇二年二月一日起至一〇二年七月三十一日止。
二、每週授課時數及課程另定。
三、鐘點費：依本校規定致送。
四、本校基於工作上之需要，得對受聘人之個人資料作電腦處理及使用，惟不得涉及商業上之利益。
五、具勞保加保資格且確有支領鐘點費者，依行政院勞委會規定應辦理勞保加保。加保時間為每學期第一週至第十八週。
六、教師應遵守性別平等教育法與性別工作平等法之規範，並不得與學生有違反教師專業倫理之關係。
七、其他未盡事宜，應依本校相關規定辦理。

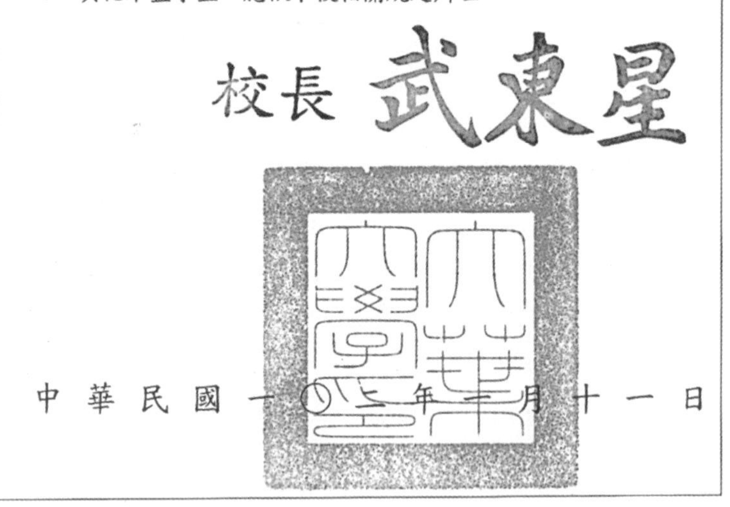

中華民國一〇二年一月十一日

■印色要自然均勻，才具美感。蓋用時沾色務必均勻，試蓋在墊有軟墊的紙上，前後左右稍微加壓力道，再迅速提起印信。

感謝狀

茲感謝

國際同濟會　台灣總會

協助雲林農特產品行銷，採

購在地鳳梨，嘉惠農民。

特頒此狀 謹致謝忱

雲林縣政府

縣長　張麗善

中華民國 110 年 4 月 11 日

www.yunlin.gov.tw

■感謝狀，也要蓋感謝單位的印信圖記，以示尊重。蓋的位置，在左、在右或中間，沒有特別規定，依版面設計的美感而定。

感 謝 狀

感謝 林 宣 宏 第40屆總會秘書長 ，協助總會舉辦第48屆同濟司儀培訓營-初階班，撥冗擔任評審並提供個人寶貴經驗與專長，讓全國各地同濟會會兄會姐快樂學習成長，拓展司儀才能，培養宏觀視野與開闊格局，協助同濟會提昇素質，並深化教育，繼續奉獻利他之服務，建立良好美善之社會。

特頒此狀，用資感謝。

國際同濟會台灣總會
Kiwanis International of Taiwan District

總會長 張維清
Governor Chang Wei-Ching

中華民國一一〇年十二月六日

2021-2022
點亮兒童未來
同濟領航✧閃耀輝煌

照顧幼童　第一優先　關懷兒童　無遠弗屆

感謝狀

茲 感謝

豐原仁社　林宣宏 社長

捐贈本校葫蘆種苗一批，以架構在地特色課程，認識葫蘆墩鄉土文化，建立師生對社區的認同感，嘉惠學子，獲益良多。

特此 致謝

臺中市豐原區葫蘆墩國民小學

校長 柯志明

中華民國 110 年 4 月 26 日

第九章　理事會的演練劇本

9-1　理事會的議程

假設會議名稱：看見臺灣國際同濟會，第五屆第六次理事會

假設議程

1.會議開始，報告出席人數

2.請主席宣布開會並鳴開會鐘

3.朗讀國際同濟會信條及定義宣言

4.確認本次會議議程

5.介紹來賓

6.主席致詞

7.常務監事致詞

8.來賓致詞

9.總會會務宣導

10.確認上次會議記錄及報告上次會議決議案執行情形

11.會務報告

　會務活動報告

　財務報告

　委員會報告

12.討論事項

　案由一：2 月份財務報表審查案。

　　提案人：○理事○○　　附署人：○理事○○

　　說明：請參閱附件，財務報表

決議：

案由二：購買母親節禮物討論案

提案人：○理事○○　　附署人：○理事○○

說明：依年度工作計畫執行，參考禮物樣品挑選之

辦法：經費貳萬元，由年度預算支出

決議：

案由三：舉辦園遊會討論案

提案人：○理事○○　　附署人：○理事○○

說明：依年度工作計畫執行

辦法：召開籌備會，進行籌備

決議：

13.建議事項

14.臨時動議

15.會議講評

16.主席結論

17.唱會歌

18.散會（請主席鳴閉會鐘）

9-2 理事會演練劇本

司　儀：會議在 3 分鐘後即將開始，請尚未簽到的理事請簽到

司　儀：開會時間已到，請示主席，會議是否開始？

主　席：點頭表示可以開始或說：開始

狀況一：

司　儀：看見臺灣國際同濟會，第五屆第六次理事會，本次會議應出席 9 位，請公假 1 位、病假 1 位，缺席 1 位，

實到 6 位，已達法定出席人數，請主席宣布開會

狀況二：

司　儀：看見臺灣國際同濟會，第五屆第六次理事會，本次會議應出席 9 位，請公假 1 位、病假 1 位，缺席 4 位，應出席 9 位，扣除公假及病假 2 位，應到 7 位，實到 3 位，不足法定出席人數，請主席處理。

■要 4 位才是 7 位的過半數，實到 3 位少 1 位

主　席：請秘書長趕快聯絡還沒到的理事，趕快來開會。開會時間延後 30 分鍾，請大家再等一下

■可以連續延後兩次，但爲了節省時間，可以宣布改開談話會

延後 30 分鍾出席人仍未過半數，主席可以宣布延期到 X 月 X 日再召開

狀況三：

主　席：爲了尊重已準時出席的理事及節省時間，本席宣布改開：談話會

用談話會，先進行議程討論及決議，等到出席人超過半數，就宣布正式開會，並一一追認剛剛談話會決議通過的內容

主　席：我們○○○理事，已經到會場，開會達到法定人數，本席宣布：看見台灣國際同濟會第 5 屆第 6 次理事會，會議開始

狀況四：萬一談話會，會議討論的議程已經結束，出席人數還沒有超過半數，還是做成談話會的會議紀錄，等下一次正式開會，再追認這次談話會的決議，先完成談話會的會議紀錄，也是解決出席人數不足的變通方法

繼續議程

主　席：看見臺灣國際同濟會，第五屆第六次理事會，本席宣布會議開始，主席拿議事槌，敲一下議事鐘、或如立法院、議會，開會敲三下桌面或議事版

主　席：請接下一個議程

司　儀：朗讀國際同濟會信條及定義宣言，全體請起立

國際同濟會信條，一……、二……、三……

國際同濟會定義宣言……，全體請坐下

主　席：請接下一個議程

司　儀：確認本次會議議程，請主席主持

主　席：各位理事，請看一下本次會議的議程，有無異議，有沒有需要「增加、刪除或修改」？（稍後等約 5 秒）

狀況一：會場靜悄悄，沒有人反應

主　席：大家沒有異議，本席宣布本次會議議程，無異議認可

■確認議程，用認可，不是通過

主席用議事槌敲一下，議事鐘或議事板或桌面

主　席：請接下一個議程

狀況二：

甲理事：舉手並呼喊，主席（請求發言之意，但不必說請求發言）

主　席：甲理事請發言

甲理事：本席提出修正動議，案由二、購買母親節禮物討論案，修正爲購買母親節及父親節禮物討論案

主　席：案由二、甲理事提出動議修正爲，購買母親節及父親節禮物討論案。有沒有附議？

丁理事：附議

主　席：請甲理事說明

甲理事：主席及各位理事好，購買母親節禮物，也要增加購買送父親節禮物，讓男會兄、女會姊一樣感受到本會的溫暖，所以本席建議修改爲，購買母親節及父親節禮物討論案

主　席：各位理事，有沒有其他意見或反對意見

乙理事：很好，這樣比較公平

丙理事：贊成

主　席：看來大家都贊成，案由二、修改爲購買母親節及父親節禮物討論案。有沒有反對？（稍待等約 5 秒）

主　席：大家沒有異議，案由二、修正爲購買母親節及父親節禮物討論案，修正後認可

主席用議事槌敲一下，議事鐘或議事板或桌面

■看大家都贊成修正，沒有反對，用修正後認可。不用表決，處理比較快，用表決也可以

狀況三：

丙理事：舉手並呼喊，主席（請求發言）

主　席：丙理事請發言

丙理事：主席，本席建議刪除案由三、舉辦園遊會討論案

主　席：丙理事提出刪除案由三，有沒有人附議？

丁理事：附議

主　席：請丙理事說明

丙理事：主席及各位理事好，舉辦園遊會很好，但場地還沒有借到，也還沒有召開籌備會，本席建議，等有規劃籌備，先可行性評估再討論，本席建議刪除案由三

戊理事：舉手並呼喊，主席（請求發言）

主　席：戊理事請發言

戊理事：主席，本席反對刪除案由三、舉辦園遊會討論案

主　席：戊理事提出反對刪除案由三，有沒有人附議？

甲理事：附議

主　席：反對刪除有人附議，請戊理事說明

戊理事：主席及各位理事好，舉辦園遊會討論案，就是因爲沒有負責承辦的總幹事所以沒有進度，我們可以決議付委一位會員，擔任總幹事召開籌備會進行規劃，所以本席反對刪除。

乙理事：舉手並呼喊，主席（請求發言）

主　席：乙理事請發言

甲理事：主席及各位理事好，我贊成刪除，會長就是找不到人選，沒有人要接手，我們在這裡隨便決議付委一位會員，叫他承擔，如果他不接受，隨便決議付委，不好啦！

主　席：有贊成刪除，也有反對刪除案由三，誰還有其他意見？會場靜悄悄，沒有人反應

主　席：沒有其他意見，進行表決，贊成刪除的請舉手，4 票，反對刪除的請舉手，2 票。贊成多於反對，案由三決議：刪除

主席用議事槌敲一下，議事鐘或議事板或桌面

■被刪除議案，會議紀錄就不用再有紀錄了。

如果是增加議案，比照上述辦理，由理事提出，無異議認可或表決通過增列議案

主　席：最後再確認一下今天的議程，案由二修正爲購買母親節及父親節禮物討論案，刪除案由三，其他議程沒有變更，本次會議議程：修正後認可

主席用議事槌敲一下，議事鐘或議事板或桌面

主　席：請接下一個議程

司　儀：介紹來賓

主　席：看見臺灣國際同濟會很榮幸，今天有這麼多的貴賓蒞臨本次會議，首先我們大家熱烈歡迎……，再歡迎……，先介紹職務比較高的。

主　席：請接下一個議程

司　儀：主席致詞，請大家用熱烈的掌聲，歡迎會長致詞

主　席：謝謝司儀、謝謝大家

親愛的區主席、各位貴賓、各位理事、監事、會員，大家好……

■主席致詞的重點，要表達主席對本次會議，期待解決的問題，分享總會及區的活動資訊，並感謝爲會付出的人及事，統一該會的意見、立場及指引方

向，並請大家藉開會前、開會後，達到會友聯誼的功能……，會議後大家再聊聊……，最後感謝大家撥空前來參加，致上十二萬分的謝意……

主　席：請接下一個議程

司　儀：常務監事致詞

主　席：邀請一起爲本會打拚的常務監事，爲我們勉勵

常務監事：感謝會長及各位理事，爲本會各項會務及活動，認眞的付出，只要依照我們的章程及年度工作計畫，正常的推動，監事會站在監督職責的立場上，不會雞蛋裡挑骨頭的挑剔，而是感謝會長及各位理事們爲本會辛苦的付出，謝謝大家……

主　席：謝謝常務監事的勉勵，我們一起來努力
請接下一個議程

司　儀：來賓致詞

主　席：首先邀請……爲我們勉勵、再邀請……爲我們勉勵

■不要邀請太多位，會耽誤會議的時間，在邀請之前，主席要私下先詢問貴賓，請幫我們勉勵三分鐘，如果他客氣說不要，就不要勉強他講，詢問貴賓時，技巧性的叮嚀勉勵三分鐘，避免來賓一講就講不完，會影響後面的議程

主　席：請接下一個議程

司　儀：總會會務宣導

■請總會督導長或總會、區來的會職幹部，如果沒有人適合總會會務宣導，就跳過此議程或主席自己補充宣導……

總會督導長：很榮幸來參加，看見臺灣國際同濟會的理事會，分享大家總會最近有許多教育訓練的課程，有司儀培訓，還有同濟記者培訓，和教大家如何開會的議事進階班，值得大家撥空去參加，三五年過去，你就會發現參加同濟會，幫助你成長很多，這是同濟會提供給會員很棒的教育推廣政策，大家要珍惜、要把握……

主　席：感謝總會督導長，帶來這麼好的消息，我們會有補助報名費做爲鼓勵，請我們的會員，把握機會去參加研習，謝謝總會督導長……

主　席：請接下一個議程

司　儀：確認上次會議紀錄及報告上次會議決議案執行情形

主　席：請秘書長報告，上次會議紀錄及報告上次會議決議案執行情形

秘書長：請大家翻開手冊資料，第 X 頁有上次會議紀錄，一共通過 5 個議案……，在第 X 頁有上次會議決議執行情形，3 個案已經圓滿執行完畢，剩下 2 案是這個月及下個月執行，請大家繼續支持，資料請大家翻閱……

主　席：各位理事，針對上次會議紀錄及報告上次會議決議案執行情形，有沒有意見？

狀況一：

主　席：會場靜悄悄，沒有人反應（稍後約 5 秒），大家沒有異議，本席宣布上次會議紀錄及報告上次會議決議案執行情形，無異議認可

■這裡用認可，不是通過

主席用議事槌敲一下，議事鐘或議事板或桌面

主　席：請接下一個議程

狀況二：

甲理事：舉手並呼喊，主席（請求發言）

主　席：甲理事請發言

甲理事：本席提出修正動議，上次會議紀錄，案由三：急難救助案，會議後林前會長再贊助 2 萬元，所以經費應該修正增加 2 萬元，共 5 萬元

主　席：謝謝甲理事的提醒，沒有錯，上次會議後，林前會長收到會議紀錄，支持急難救助案贊助 2 萬元，共襄盛舉

但目前是在報告上次會議紀錄的議程，不能用修正動議，而是「更正」上次會議紀錄，案由三：急難救助案，經費增加 2 萬元，更正為 5 萬元

甲理事：感謝主席的提醒，本席提出「更正」上次會議紀錄，案由三：急難救助案，經費更正為 5 萬元

主　席：甲理事「更正」上次會議紀錄，案由三：急難救助案經費為 5 萬元，大家有沒有異議？

己理事：沒有

主　席：各位理事，對上次會議紀錄及報告上次會議決議案執行情形，有沒有意見？

主　席：會場靜悄悄，沒有人反應（稍後約等 5 秒），大家沒有異議的話，本席宣布：上次會議紀錄及報告上次會議決議案執行情形：更正後認可

主席用議事槌敲一下，議事鐘或議事板或桌面

請接下一個議程

司　儀：會務報告，會務活動報告

■會務報告，主席不用問大家有沒有意見、有沒有異議。一個接一個報告就好，出席理事有意見或要詢問，主席才回答或請報告者回答

主　席：請秘書長報告

秘書長：感謝主席，各位理事大家好，這個月的會務活動有……請參考第 X 頁附件資料

主　席：謝謝秘書長，請財務長報告財務

財務長：謝謝主席，各位理事大家好，上個月的財務收支，收入一位會費 25000 元，支出活動經費及秘書薪資共 35000 元，請參考第 X 頁財務報表

主　席：謝謝財務長，請問各委員會有要報告的嗎？

甲主委：舉手並呼喊，主席（請求發言）

主　席：甲主委，請發言。

甲主委：謝謝主席，各位理事大家好，家庭聯誼委員會主委報告，本月份的壽星是○○○會兄、○○○會姊、○○○會嫂，祝他們生日快樂，將在月例會舉辦慶生活動。

主　席：謝謝甲主委，我們大家祝○○○會兄、○○○會姊、○○○會嫂，生日快樂，月例會再舉辦慶生活動。（大家鼓掌）

主　席：請問還有委員會有要報告的嗎？

乙主委：舉手並呼喊，主席（請求發言）

主　席：乙主委，請發言

乙主委：謝謝主席，各位理事大家好，捐血活動委員會主委報告，下個禮拜天就要舉辦捐血活動，請大家幫忙找親

戚朋友來捐血，讓這次的捐血袋數能夠破過去的記錄，感謝大家！

主　席：謝謝乙主委，請大家幫忙找親戚朋友一起來捐血，希望這次的捐血袋數能夠破過去的記錄，拜託大家支持捐血活動！

主　席：請問還有委員會要報告的嗎？會場靜悄悄，沒有人反應（稍後約等 5 秒）

主　席：請接下一個議程

司　儀：討論事項

案由一：2 月份財務報表審查案。提案人：○理事○○、附署人：○理事○○

說明：請參閱附件，財務報表，請主席主持

主　席：請財務長進一步說明

財務長：謝謝主席，各位理事大家好，上個月的財務收支及全年度的收支，請參考附件第 X 頁財務報表……

乙理事：舉手並呼喊，主席（請求發言）

主　席：乙理事，請發言

乙理事：謝謝主席，各位理事大家好，請問財務長有帶銀行存摺來嗎？

財務長：有，請各位理事傳閱、核對

主　席：案由一：2 月份財務報表審查，各位有反對意見嗎？（稍後約等 5 秒）

主　席：大家沒有反對、沒有異議，案由一：2 月份財務報表審查決議：通過

主席用議事槌敲一下，議事鐘或議事板或桌面

主　席：請接下一個議程

司　儀：案由二：購買母親節及父親節禮物討論案，提案人：○理事○○、附署人：○理事○○
說明：依年度工作計畫執行，參考禮物樣品挑選之辦法：經費 5 萬元，由年度預算支出，請主席主持

主　席：請秘書長說明

秘書長：贈品公司有提供，桌上這些禮品......，請大家參考選擇……

丁理事：舉手並呼喊，主席（請求發言）

主　席：丁理事，請發言

丁理事：本席動議，買平底鍋送母親節禮物

主　席：丁理事動議，買平底鍋送母親節禮物，有沒有人附議

甲理事：附議

主　席：還有沒有其他意見？

戊理事：舉手並呼喊，主席（請求發言）

主　席：戊理事，請發言

戊理事：買平底鍋是送母親節禮物，但不適合送給父親，買給父親節和母親節禮物的價錢，應該相同或差不多才比較好，我發現禮品中有電子手錶，可以記錄每天走路步數，又可以測血壓、測心跳、測血氧等等，很適合會兄會嫂使用。本席建議買粉紅色的電子錶送會嫂，買黑色的電子錶送會兄。

乙理事：這個好（私下異口同聲）

丙理事：舉手並呼喊，主席（請求發言）

主　席：丙理事，請發言

丙理事：夫妻一起掛電子手錶，相同的禮物，又相同價錢，代表我們會，關心大家健康的貼心禮物，本席動議，買電子手錶比較好

主　席：丙理事，動議買電子手錶，有沒有人附議

戊理事：附議

己理事：附議

庚理事：附議

辛理事：附議

主　席：丙理事，動議買電子手錶，這麼多人附議，丁理事你動議，買平底鍋，你現在的想法呢？

丁理事：本席也認爲買電子手錶，相同的禮物，相同的價錢，比較好

主　席：丁理事的動議收回嗎？

丁理事：收回動議

主　席：甲理事你的附議呢？

甲理事：收回附議

主　席：大家還有其他意見嗎？（稍後約等 5 秒）

主　席：看來大家都喜歡買電子手錶，丙理事動議，買電子手錶，有沒有反對意見、有沒有異議？

（稍後約等 5 秒）沒有異議，決議：通過，購買電子手錶

主席用議事槌敲一下，議事鐘或議事板或桌面

主　席：請接下一個議程

司　儀：建議事項

主　席：建議事項也是自由發言，在座包括列席都可以發言

主　席：在還沒有建議事項之前，先介紹今天列席的新會友○○○，請新會友○○○自我介紹和大家認識

新會友：會長、各位理事、前會長大家好，我是從事國際貿易，平常在國外跑，經過張理事介紹，來參加國際同

濟會，我公司就在會館旁邊，歡迎大家有空來坐坐，謝謝大家（大家鼓掌歡迎）

主　席：歡迎新會友ＯＯＯ加入本會，同濟會有很多教育訓練課程及公益活動，請會員擴展主委、各位理事及會員多多關心新會員，有活動要提醒新會員參加，陪同新會員參加，給她安全感，拜託大家、感謝大家

前會長：舉手並呼喊，主席（請求發言）

主　席：前會長，請指導（對前會長表示尊重，不宜用請發言）

前會長：我們會在會長的領導之下，會務蒸蒸日上，在眾多同濟會的場合，建議我們要有一套制服、一件好看的上衣，可以萬綠叢中一點紅，凸顯我們會的特色

主　席：謝謝前會長的指導，每屆都送 T 恤，穿不完，是可以改變方式，三年或五年累積經費，做一件好看的外套制服，報告前會長，我和理事們好好的來研究好嗎？

前會長：點頭致謝

主　席：還有沒有建議事項（稍後約等 5 秒）沒有動靜

主　席：請接下一個議程

司　儀：臨時動議

主　席：各位理事，有臨時動議嗎？

庚理事：舉手並呼喊，主席（請求發言）

主　席：庚理事，請發言

庚理事：謝謝主席，各位理事大家好，本席動議，會員大會購買摸彩禮物案

主　席：庚理事動議，會員大會購買摸彩禮物案，有沒有人附議

己理事：附議

主　席：己理事附議，動議成立，請庚理事說明

庚理事：會員大會要開會、投票，需要很長的時間，加上全體會員都會到，建議購買摸彩禮物，在會員大會結束後的晚會中，增加摸彩的餘興節目，促進會員感情及製造歡樂氣氛……

丙理事：舉手並呼喊，主席（請求發言）

主　席：丙理事，請發言

丙理事：本席反對，本會的財務不寬裕，會員大會的重點，在選舉下一屆的會長及幹部，並不是節慶活動，不要花會的錢去購買摸彩禮物，如果要提供禮物我贊助一份

主　席：丙理事反對，不要用會的錢，他贊助一份禮物。還有沒有其他意見？

丁理事：舉手並呼喊，主席（請求發言）

主　席：丁理事，請發言

丁理事：本席也反對用會的錢買禮物，我也贊助一份禮物

辛理事：舉手並呼喊，主席（請求發言）

主　席：辛理事，請發言

辛理事：本席動議，修正為每位理事及熱心會員，各贊助會員大會摸彩禮物一份

主　席：辛理事動議，修正為每位理事及熱心會員，各贊助會員大會摸彩禮物一份，有沒有人附議

丁理事：附議

主　席：修正案成立，每位理事及熱心會員，各贊助會員大會摸彩禮物一份，有沒有人反對？（稍後約等 5 秒）沒有動靜

主　席：沒有反對、沒有異議，本席宣布：每位理事及熱心會員，各贊助會員大會摸彩禮物一份，決議：通過
主席用議事槌敲一下，議事鐘或議事板或桌面

主　席：請接下一個議程

司　儀：會議講評

主　席：先請執行長，爲我們這次的會議講評，隨後再邀請，總會督導長補充勉勵，有請執行長

執行長：會長和各位理事大家好，今天的會議，都是依照會議規範，進行開會程序，是非常正確的理事會召開形式，值得其他友會來學習和觀摩……會員大會的摸彩禮物，我也贊助一份

主　席：謝謝執行長的勉勵和贊助……。接下來請總會督導長，爲我們補充勉勵

總會督導長：會長和各位理事大家好，從今天的會議中看出，貴會是向心力十足的模範分會，臨時動議捨不得會花錢，每位理事帶頭捐摸彩禮物。在提案討論內容更是充滿溫馨和理性，參加看見臺灣國際同濟會是幸福的，祝福貴會會務昌隆……會員大會的摸彩禮物，我贊助兩份湊熱鬧……

主　席：感謝總會督導長的勉勵和贊助……，是的，我們會是充滿溫馨和幸福的，我們大家都很珍惜

主　席：請接下一個議程

司　儀：主席結論

主　席：感謝大家，今天撥空來參加理事會，在會議結束前，我來整理結論，確認已經獲得大家共識的決議，如果

有錯誤就馬上提出來，否則本次會議就此定案，今天通過的議案

1.案由一 2 月份財務報表審查決議：通過，謝謝財務長

2.案由二購買母親節及父親節禮物，決議：通過，購買電子手錶，麻煩秘書長費心採購

3.臨時動議，通過每位理事及熱心會員，各贊助會員大會摸彩禮物一份。我提供 5 份禮物湊熱鬧，共襄盛舉

4.前會長建議買外套制服，我和理事們好好的來研究，謝謝前會長指導

5.請各位會員要多多關心照顧新會員，有活動要提醒新會員參加，陪同新會員參加，給她安全感，一定要留住每一位會員，拜託大家，謝謝大家今天的出席和列席……

■主席結論的重點是，確認今天大家決議的事，並交代人去執行，例如：舉辦活動總幹事，要在主席結論，公開賦予計畫執行人，使命和權利去執行，請大家支持他，他做起來才有勁，活動才能圓滿成功，最後再感謝大家……切忌，不要沒有重點、沒有結論、會議後人人沒事，草草結束

主　席：請接下一個議程

司　儀：唱同濟會歌，全體請起立，一起唱……

主　席：請接下一個議程

司　儀：散會，請主席鳴閉會鐘

主　席：看見臺灣國際同濟會，第五屆第六次理事會，圓滿結
　　　　束，散會
　　　　主席用議事槌，敲一下或三下議事鐘
　　　　感謝大家

■各分會的章程，並沒有每個月召開理事監事聯席會議的規定，建議依照各會章程，每個月召開理事會，第三個月召開理事會後，再加開監事會。

召開理事會時，監事可以列席，召開監事會時，理事可以列席，大家還是都有參加會議，避免觸犯，督導各級人民團體實施辦法第 7 條的規定。

建議不要召開理事監事聯席會議，因爲理事是執行會務、監事是監督會務，兩個職權不同，一起開會依法有爭議。

除非貴會是團結和氣，開會決議自有習慣，沒有會員有異議，不然一有會員檢舉，主管機關依法裁處，恐會議決議無效。

第十章　視訊會議

時代進步，利用網絡科技設備，可以拉近地球村的距離，不用爲了開一次國際會議或組織比較大的會議，南來北往，坐車跨縣市、坐飛機跨國的奔波，由於科技的進步，可以採用電子設備來協助開會。

10-1　行政院電子化會議作業規範

行政院國家發展委員會，在 104 年 04 月 13 日公布「電子化會議作業規範」。

一、爲推動會議資料少紙化之政策，建立電子化會議之施行及管理機制，達成提升效率、節能減紙、節省公帑之行政管理目標，特訂定本規範。

二、本規範實施範圍爲行政院及所屬各級機關（構）、學校（以下簡稱各機關）。行政院以外之中央機關及地方政府機關召開會議時，得參照本規範辦理。

三、本規範適用於依業務需求、任務編組或會議規則等相關規定召開之會議、研討會、座談會等。但機敏性會議或使用機密文書時，不適用之。

四、本規範名詞，定義如下：

（一）電子化會議：指以電子方式提供會議資料予所有與會人員，且會場上未發送書面資料，

並運用電子化設備顯示會議資料者。

（二）電子化設備：指會議進行時所使用之相關資訊設備，包括桌上型電腦、平板電腦、筆記型電腦、投影設備、即時通訊工具、視訊平臺或智慧型手機等。

五、電子化會議之召開得採以下單一或混合方式進行：

（一）實體會議：使用實體會議場地，進行面對面議題討論。

（二）非同步線上會議：運用即時通訊、群組溝通等工具，透過網路傳遞意見，進行非同步議題討論及交流。

（三）同步線上會議：

1.電話會議：透過電話、網路電話、行動語音通話進行議題討論。

2.視訊會議：透過網路視訊進行遠距會議。

3.網路直播會議：透過網路直播進行會議並同步播放會議實況，及進行議題線上互動交流。

六、電子化會議準備階段：

（一）各機關應視與會人數、與會人員所在地、電子化設備、討論議題等決定會議進行方式。

（二）會議之通知，得採公文電子交換、電子郵件、行動訊息等方式。

（三）會議資料之提供，得採公文電子交換、電子郵件或電子檔案下載等方式。

（四）會議資料格式應參照「文書及檔案管理電腦化作業規範」，公文電子交換附件格式，如開放文檔格式（Open Document Format, ODF）、可攜式文件格式

（Portable Document Format, PDF）、文書處理檔案格式（Word Document Format, DOC）、富文字格式（Rich Text Format, RTF）等。

（五）各機關應視會議性質，就會議資料提供合宜之權限控管。會議資料如涉有民眾隱私資訊，應依個人資料保護法辦理，例如將屬該法定義之個人資料之部分文字、數字遮蔽，以保障民眾隱私資訊之安全。

七、電子化會議進行階段：

（一）會議開始前，應先行就會議所需使用之電子化設備環境及相關會議資料等，進行準備及測試。

（二）會議簽到得採電子化方式辦理。

（三）會議資料之呈現應以電子化設備顯示。

八、電子化會議結束階段：

（一）會議紀錄得以文字、影音或語音方式爲之。影音類型應以 MPEG、MP4、WMV 等動態影像之影音檔案格式儲存；語音類型應以 WAV、MP3 等聲音之語音檔案格式儲存。

（二）會議紀錄經會議主席確認後，得採公文電子交換、電子郵件或電子檔案下載等方式提供。

（三）會議決議處理情形應訂定追蹤事項進行列管，承辦單位應於下次會議前回報辦理情形或建請解除列管；其回報方式得以線上填報或電子郵件回復。

九、各機關運用電子化會議系統者，得考量與現行公文系統、計畫管理系統（GPMnet 或 LGPMnet）、會議室管理、視訊會議、網路社群等既有服務或系統之整合及介接。

十、電子化會議資料管理及電子化設備使用，應遵循行政院及所屬各機關資訊安全管理相關規定，以強化會議資訊安全管理。

十一、各機關應參照電子公文節能減紙續階方案，自行訂定績效評估指標，以結合機關績效考評作業，定期檢討執行成效。

十二、各機關得視需要，訂定其電子化會議相關細部作業規範。

10-2 內政部解釋視訊會議

本書寫到這裡 110 年 6 月，是臺灣遭受新冠病毒感染持續嚴峻，全國疫情警戒第三級期間，停止室內 5 人以上、室外 10 人以上之家庭聚會和社交聚會，並避免不必要的移動活動或集會。

因應疫情不少公司選擇了在家工作（Work from home）或遠距工作（Remote working），相關辦公用視訊、雲端協作的方式。社會團體開會也不能室內 5 人以上群聚開會，就必須選擇視訊會議，國際同濟會亞太年會，就採用 Zoom 軟體進行跨國的視訊會議，視訊會議突然間成爲熱門的話題。

內政部 109 年 3 月 18 日台內團字第 1090280564 號函釋，人民團體的理事會、會員大會，得以視訊方式辦理，其出席、簽到及表決方式，由理事會訂定之。理事或監事出席各視訊會議時，視爲親自出席；但涉及選舉、補選、罷免、訂定組織辦法事項，不得採行視訊會議。

10-3 視訊會議的禮儀規範

臺灣在新冠病毒疫情警戒第三級期間，避免不必要集會的時候，學校採用視訊遠距教學，有新聞報導：學生在家裡用視訊上課，分享螢幕畫面，出現爸爸穿著內褲，從學生背後走過去的畫面。

另外，在辦公室使用視訊會議，出現過辦公室旁邊的人講話太大聲，聲音進入到視訊會議裡面來干擾的情形。

也有視訊會議休息時間或暫時離開，忘了關麥克風，傳出去不應該說的話……，都是視訊會議的禁忌，現代人必須學習新的視訊會議禮儀規範。

視訊會議將是未來溝通的常態，今後大勢所趨、嶄新的開會模式，對實體開會身經百戰的高手，如何開好視訊會議，要怎麼做？也必須做功課，個人或團體都要適應、熟悉視訊會議的操作，才是未來的贏家。

以下提供幾項，視訊會議的禮儀規範禁忌：

1.畫面環境要乾淨

視訊畫面以出現你個人影像的上半身為主，但視訊傳出去你桌子上的東西是否零亂？你的背景是否像倉庫雜亂？

參加視訊會議，建議你要找一個乾淨、明亮的環境。尤其你是會議的主席、主持人，傳出去必須是清楚明亮的，室內的燈光要全部打開，或買一種有補光的鏡頭比較好，可以把你的人像照得更清楚明亮。

桌子上的東西會拍到的，要收拾乾淨，你身體後面的背景要簡單清純才能襯托你是主角，不要有比較強烈顏色或圖案的背景。

2.挑選好用的視訊器材

參加視訊會議，很多人使用手機，可以用，但是效果不好。如果你是主持人，建議你用筆記型電腦或桌上型電腦比較好。

要買網路視訊攝影機，1080P 高清視訊鏡頭，內建降噪麥克風，USB 隨插即用免驅動程式，又可以自動對焦最好，有的攝影鏡頭附蓋子，有遮蔽功能，避免忘了關閉鏡頭造成隱私外洩，鏡頭要有腳架的才可以隨處調整角度移動，不會只能固定位置。

筆者曾經接受視訊會議專訪，事前訪問單位和我連線測試視訊的效果，發現我使用的鏡頭含麥克風，離遠一些收音效果不好，因爲鏡頭距離我約 60 公分，等於麥克風收音距離我約 60 公分，效果不好。

所以再去買一個單獨視訊會議專用 USB 有線視訊麥克風，隨插即用，麥克風可以擺放在嘴旁，聲音才會很清楚。

3.提早準備，準時參加

加入視訊會議千萬不要遲到，人家已經在開始討論了，你的鏡頭連線還搞不定，你麥克風測試的聲音，會刺耳的干擾已經在進行的會議。

如果你對視頻會議的設備操作不夠熟悉，請你務必提早預留充分的時間準備，先做好設備的測試，確保會議時間一到，可以準時參加，可以立即進入討論的狀態。

視訊鏡頭，要擺放在電腦螢幕前正中間的位置，不能太高或太低，不然傳出去的視訊畫面，你的眼睛會往上看或往下看。

你必須正視看著視訊鏡頭，傳出去的視訊畫面，你就像電視主播在播報新聞一樣，在螢幕裡看觀眾的畫面。

4.要打開鏡頭

參加視訊會議要打開鏡頭，這是基本的禮貌。如果是聽課、聽演講，就把鏡頭關閉，除非老師或主持人說，請大家把鏡頭打開，要一起拍一個合照，才把鏡頭再打開，不然聽演講大部分是把鏡頭關閉，可以抄筆記，可以低頭，可以吃東西喝茶，比較自由。

但是參加視訊會議，就不應該把鏡頭關掉，你要面對所有的出席人。如果有人沒有打開鏡頭，就會產生一場資訊不對稱的會議，除非要說明特殊理由，並獲得大家同意，才能不打開鏡頭，不然正常的視訊會議，應該要人人都打開鏡頭。

5.要準時參加

準時的定義，是可以立即參加討論的階段。實體開會，開始大家都會寒暄聊天，也許會延遲幾分鐘才正式開會，但是參加視訊會議，必須準時參加，更要提早時間準備好，設備連線、聲音和影像都要先調整好，才不會人家已經正式開會討論了，你還在手忙腳亂的弄連線、調整鏡頭、調聲音，就有失禮貌了。

6.不要沒有回應

參加視訊會議，有人在發言的時候，其他人的麥克風通常是關靜音的，比較沒有附和的情況下，其他出席人的肢體語言，就變成會議很重要的氣氛環境，不然會造成發言者自己說了半天，感覺大家都沒有反應的感受，所以當你是其他出席人，在聆聽的時候，要比平常更刻意的使用肢體語言反應，例如：點頭、用手指比讚或臉部的表情來回應，給發言好內容的人溫暖和鼓勵。

7.要專心參加

視訊會議等同於實體會議，無論你做什麼？都會被看見，所有不會在實體會議做的事情，也不要在視訊會議時做。

雖然是大家遠在天邊參加視訊會議，但是都呈現在眼前的螢幕，即使討論的議題與你無關，也要注意到自己正在參加會議，不要在鏡頭前做其他的事情。

就算眞的有緊急的事情要處理，你要先利用留言，我等一下有重要的急件要處理，但仍會一邊聽會議的進行，請諒解，是專心參加視訊會議的禮儀。

8.不要偏離主題或冗長發言

視訊會議的節奏比實體會議更緊湊，因爲在線上大家的注意力和耐心都要變得更加強，因此和主題無關的話題，其擾人的程度，會比實體會議加倍會讓人產生，少根筋、白目不長眼睛、不夠有效率的感受。因此任何冗長發言及模擬兩可的話語，都會更加明顯，建議你發言需要更精煉、更有結構，儘量簡短有力，一項一項重點說明，避免冗長贅言。

9.不要邊開會邊咀嚼食物

視訊會議，喝水、喝茶、喝咖啡，都可以。但是珍珠奶茶及口香糖，就不適合，因爲任何需要咀嚼動作的食物或飲料，都不適合在視訊會議時食用，也避免對著鏡頭麥克風，打哈欠、挖鼻孔等等，都是視訊會議要遵守的禮儀。

10-4　Zoom視訊會議軟體

Zoom 是華裔在矽谷成立，爲人們帶來便利的多人視訊服務。Zoom 雲端視訊會議的誕生，讓視訊會議不再是昂貴又高不可攀的服務，是台灣視訊會議最多使用的工具。

結合移動化＋雲端的特性，使用者爲中心的開發與設計，Zoom 不侷限於硬體型系統，亦無需專業工程人員的安裝設定，即使在手機行動端也能輕鬆使用，一安裝便上手！

軟體的雙向即時連線功能，同時最高可達 200 人，如有大型國際級會議亦有連線人數可達 3000 人的研討會模式可供選擇。

Zoom 在臺灣疫情蔓延時，獲得市場最熱烈的支持，主要因其介面操作簡單，成員可利用邀請網址或查詢會議 ID 的方式，邀請他人加入視訊會議很簡單。

社會團體開會的內容，沒有什麼機密性，比較沒有考慮資安的問題，只要是藉助其方便的視訊會議功能就可以了，也提供會議錄影，可自動儲存 MP4 格式。

如果你想要用 Zoom 視訊會議軟體，用手機或電腦，下載適用於 iPhone 或 Android 的行動應用程式，手機安裝就可以召開視訊會議，或取得參加會議的 ID 和密碼，就可以參加 Zoom 的視訊會議。

10-5　Google Meet視訊會議軟體

在臺灣因應疫情 Google 自 2020 年 5 月起，開放只要有 Email 的使用者，都可以使用 Google Meet 視訊開會聊天，原本就有 Gmail 的人只要在 Google Meet 網頁版登入，便可發起或安排會議。

Google Meet 是 Google 推出的視訊會議服務，也是操作簡單可以快速上手，只要有 Email 就能輕鬆視訊，Google 強調在安全穩固的全球基礎架構上、會議資料都會經過加密，可以確保開會每個人的資訊和隱私。

Google Meet 功能結合 Google 完整的線上平台生態，爲團隊打造出專屬的雲端線上工作區。例如：開會時可以在 Google Meet 中分享螢幕畫面，直接即時進行 Google 文件、試算表或是簡報編輯協作，在會議結束後，可以將 Meet 視訊通話紀錄儲存到團隊共享的 Google 雲端資料夾，方便再次觀看會議。

透過 Google 雲端線上工作區，遠距開會可以節省許多交通的成本，將時間與資源，投注在團體聯誼及解決問題的會務上。

如果沒有 Google 帳戶，使用者可選擇用 Email 建立帳戶，只需 1 分鐘的時間就能完成免費使用版本，另有企業版與教育版，有進階功能可以用，包含：舉辦最多可供 250 位參與者的大型視訊會議、進行最多有 10 萬名觀眾同時觀看的直播，還有會議過程可錄影後存在 Google 雲端硬碟等等。手機支援 Android／iOS 雙平臺，具有高互動性、即時性的特色，適用於團體遠距的會議。

10-6　LINE視訊會議軟體

2021 年 6 月在 LINE「聊天」頁面的右上角，會看到出現一個新的攝影機圖示，就是「LINE 會議室」的入口，點選攝影機圖，那裡就可以進入到會議室的畫面。然後在畫面下方點選「建立會議室」，就可以馬上建立一個 LINE 視訊會議室。

LINE 的「會議室」功能很有特色，只要有會議連結，就可以進入參加會議，不用事先拉群組，點擊會議連結後直接可以開會。

每個人最多可以建立 30 個會議室，每一個會議室連結的有效期限，最長爲90天。超過90天後，點擊就無法進入，需要重新建立。

每場會議裡的人數限制與視訊通話可容納人數相同，皆爲 500 人。開啓會議室後，會出現一個即時的會議聊天室，與會者也可以用文字溝通，當您離開會議室後，會議聊天室則會消失。

再次開啓同一個會議時，則會開啓新的會議聊天室，臨時聊天室若有重要內容，記得結束會議前，也就是最後一個人離開視訊時，要另外存起來。

LINE 視訊通話原本就有的實用功能，像是分享螢幕畫面，可以方便投影會議簡報、模糊背景或替換自己喜歡的虛擬背景、可愛的濾鏡與特效等，使用 LINE 會議室進行視訊時也都能使用，非常便利的 LINE 視訊會議，免費、跨裝置、簡單好用，是很好的幫手。

10-7 Lifesize視訊會議軟體

筆者參加學術界的視訊會議，通知使用 Lifesize 才知道有 Lifesize 視訊會議軟體，也是下載就可以取得免費的 Lifesize 帳戶，立即註冊就可以開始使用，標榜可以獲得最佳影像品質，從任何裝置加入會議，都可以馬上展開運作。

筆者的電腦安裝 Lifesize 視訊會議軟體，參加一次 Lifesize 視訊會議，但現在每次電腦開機，螢幕上就出現 Lifesize 視訊會議軟體的畫面，不喜歡被入侵的感受，也不是天天要視訊會議，所以不喜歡 Lifesize，最後解除安裝，才能清淨螢幕。

Lifesize 視訊會議軟體，強調體積超小，可無限擴充，是各企業追求現代化充分運用迷你空間，是成長最快速的會議室類型之一，加上複雜性也不高，因此很多大企業採用此會議室的技術，符合成

本效率且方便使用。

在全球各主要地區均設有資料中心，能協助跨國企業或跨國人民團體透過視訊會議交流合作。Lifesize 採用具獨立第三方安全性與隱私權認證的頂尖資料中心，爲客戶提供最安全、最可靠的保障。

強調音訊和視訊品質，讓您的視訊會議搖身一變成爲眞實的面對面會議，但是你的設備若不優秀，可能就無法高品質的呈現。

10-8 社會團體修改章程迎合視訊會議

臺灣遭逢新冠病毒疫情三級警戒，嚴重的影響社團運作，不能實體開會，避免會有群聚感染的危險。經過社團請示，管理社會團體的內政部 109 年 3 月 18 日台內團字第 1090280564 號函釋：人民團體理事會、會員大會，得以視訊方式辦理，其出席、簽到及表決方式由理事會訂定之。理事或監事出席各視訊會議時，視爲親自出席；但涉及選舉、罷免、訂定組織辦法事項，不得採行視訊會議。

上述，訂定組織辦法事項，應該是訂定或修改團體章程、章程施行細則及制定各種組織管理辦法，就不要用視訊會議，需要召開實體會議決議。

召開視訊會議之前，最好先在實體會議有決議，下次會議，依據行政院電子化會議作業規範及會議規範，採用視訊會議。

所以，民國 110 年，很多人民團體修改章程……將內政部的函釋，納入章程，理事會、會員大會，得以視訊方式辦理，其出席、簽到及表決方式由理事會訂定之。理事或監事出席各視訊會議時，視爲親自出席；但涉及選舉、罷免、訂定組織辦法事項，不得採行視訊會議。

建議社會團體在章程或章程施行細則，再增加本會之會議依

「會議規範」進行，視訊會議依「行政院電子化會議作業規範」，建立合法的會議依據。

人民團體選舉罷免辦法第 23 條規定，人民團體之理事、監事選舉，得於章程訂定採用通訊選舉，並由理事會於預定開票日一個月前召開會議審定會員（會員代表）名冊，依名冊印製及寄送通訊選舉票。前項通訊選舉，人民團體應訂定相關辦法，載明選舉之通知、選務人員、投票規則及認定、開票、選舉爭議、當選人之通知、公告等事項，提經理事會議通過後實施，並報主管機關備查。

另外，增加修改部分章程，因應疫情嚴峻或其他不可抗拒因素及本會之需要；前項理事、監事選舉，得採用通訊選舉方式舉行。通訊選舉辦法由理事會通過，報請主管機關備查後行之。本屆理事會得提出下屆理事、監事候選人參考名單。

因為要寄通訊選舉的選票，必須授權理事會，提供下一屆理事、監事，候選人建議的名單，才可以印出選票，寄給會員投票。

選票上印有建議名單並保留應選出名額的空白欄位，例如：理事選票應選 9 位，已有 9 位建議名單，必須再留下 9 位空白欄位，因為會員不見得會對你的建議名單照單全收，會員還是可以依照他自己喜歡的對象，可以填寫在空白欄位。

至於，寄通信選舉的公文及選票，必須用掛號郵寄，最好用掛號附回執，能證明每位會員都有收到通信選舉資料，才能確保通信選舉結果有效。

否則只要一位會員異議沒有收到選票，就可以讓通訊選舉結果無效。如果時間緊急的話，就要用郵資比較貴的限時掛號附回執寄出。

在召開視訊會議之前，寄開會通知公文，這次會議將使用視訊會議操作及有詳細的使用說明，避免有出席人不會使用視訊會議，造成他的缺席，或對視訊會議有合理的異議，事後檢舉開會決議無

效的爭議，是必須小心謹慎的行政作業。

現代社會進步，運用視訊會議，可以節省很多去參加會議的時間和成本，也能提高會議效率的時代產物，是一種很值得推廣的會議方式。

10-9　跨國視訊會議的議事規則範例

國際同濟會亞洲太平洋地區，包括：臺灣、日本、韓國、馬來西亞、菲律賓呂宋區、菲律賓南區、印度、尼泊爾、澳洲、紐西蘭等。

2021 亞太年會議事規則：

2021 年 ASPAC eConvention 根據《羅伯特議事規則--新修訂版》，使用 Zoom 網絡研討平臺。本規則是英文版的翻譯，提供讀者參考。

第 1 條　亞太年會之正式語言爲英語，同步翻譯得根據施行細則之規定提供。

第 2 條　在任何投票之議程，投票會員代表才可就座會員代表指定區。

第 3 條　會員代表大會應允許投票代表出場後得再入場，然而選票不得離開投票代表指定座位，在任何情況下缺席的投票代表，都不允許進行任何投票。

第 4 條　任何動議或修正案，均需英文書面提出，由提案人及附議者連署。並在提出動議之前，提報亞太常務理事會秘書長、財務長。

第 5 條　會員代表每次發言，均不得超過 3 分鐘，唯經當日議程許可或經會員代表過半數表決通過者除外。

第6條　會員代表不得就同一議題進行二次發言，須等所有就此議題第一次發言之會員代表都已發言後，才得再次發言。

第7條　動議之提案人，享有第一發言權，支持所提之動議，也可以將第一發言權讓給其他會員代表。

第8條　對議案之討論，應爲正反意見輪流發言。

第9條　會員代表不得在取得一次發言權後，同時針對議案發表意見後，又提出停止討論之動議。

第10條　任何針對決議案或章程修正案之討論（包含該項提案之再修正案），除非經會員代表大會多數人投票同意，延長議程討論，否則應限制在15分鐘以內爲限。在任何時間，對於任何在場動議或系列的動議，若經三分二的投票表決通過，則應立即停止討論。

第11條　依主席裁示，距離任一場會議，預定散會時間前15分鐘內，不得提出章程修正案。

第12條　a.競選亞太地區會職人員的候選人，可享有一次不超過1分鐘的提名演說並由現場會員代表附議提名。

b.競選亞太地區會職人員候選人之政見發表，應以3分鐘爲限。

c.候選人的政見發表，若需要口譯，則加上口譯時間，以不超過規定之政見發表時間的兩倍爲限。候選人應自行安排的口譯人員。

第13條　同額競選時，可採聲決之方式。

第14條　上述議事規則之一，若經過三分之二投票表決通過，可暫停實施。

第15條　本會議受亞太同濟會的施行細則、國際同濟會章程暨施行細則及本次大會議事規則規範，未盡完備者，以

最新修訂之羅伯特議事規則規範之。

第16條 亞太常務理事會，有權對於因章程修正案而導致在術語、語法、編號和交叉引用的無意衝突或矛盾作決定。

■備註：

1.任何希望對提議的修正案進行修改的人（對議案進行修改）都必須提交修改意見。都必須用英文向秘書長／財務長，提交書面修改。
2.使用Zoom的「聊天」功能。這可以確保你的修改，會被準確反映。
3.提出動議，要提出動議或動議的修正案，提出者應該使用 Zoom「聊天」功能，說明你的姓名、分會和地區，並得到主持人的認可。
4.動議（或修正案）必須在會場上用 Zoom「Chat」功能附議，得到支持。然後，會議主持人將該動議（或修正案）提交給會員代表討論。

第十一章　社會團體法草案

內政部考量社會團體蓬勃發展，爲臺灣社會之重要資產，政府應給予相關培力措施，現行「人民團體法」將政黨、社會團體與職業團體一併納管，但各自差異甚大，管理困難。

所以，內政部擬定「政黨法」（已三讀）、「社會團體法」（已送立法院）及「職業團體法」（研議中），將取代「人民團體法」，單獨規範社會團體的運作。

因「人民團體法」爲戒嚴時期制定，嚴重箝制人民結社自由，且多次司法院大法官宣告違憲之法律。爲落實憲法第十四條及司法院大法官釋字 479 號解釋，人民有結社自由之保障及《公民與政治權利國際公約》，確立政府與社會團體之夥伴關係並促進不限年齡的結社自由，取代威權管制措施，推動台灣民主社會穩健向前行。

「社會團體法」草案，行政院院會 106 年 5 月 25 日通過，送請立法院審議，立法院內政委員會 106 年 11 月 29 日，由召委賴瑞隆擔任會議主席，完成「社會團體法草案」初審，希望將過去的「許可制」放寬爲「登記制」，鬆綁對社團的管理……。

109 年 4 月 10 日高嘉瑜委員提案，立法院第 10 屆第 1 會期第 8 次會議，確保團體之存續、內部組織與事務之自主決定及對外活動之自由。促進社會團體活絡發展，擴大公民多元參與，應將政府管制鬆綁，尊重團體自治……。

109 年 5 月 8 日洪申翰、邱泰源委員提案，立法院第 10 屆第 1 會期第 12 次會議，爲符合公民與政治權利國際公約及經濟社會文化權利國際公約，確保兒童依年齡、成熟度及能力，能夠不受任何歧

視、完全享有自由集會結社的權利，對社團負責人之年齡不設限制……。

本書出版前「社會團體法」在立法院已歷經 15 次常會討論，將來若通過，搭配已完成三讀的「政黨法」及研議中的「職業團體法」將取代「人民團體法」，讓「人民團體法」走入歷史。本書提供社會團體超前部署，先瞭解社會團體法草案的內容。

社會團體法　草案（以立法院三讀通過為準）

第一章　總則

第一條　為保障人民結社自由，促進社會團體組織及運作符合民主原則，特制定本法。社會團體組織及運作適用本法。但其他法律有特別規定者，從其規定。

第二條　本法所稱社會團體，指依本法完成登記，以推展公益為目的，由個人或團體組成之團體。本法施行前已依人民團體法立案之社會團體，為本法之社會團體。

第三條　本法所稱主管機關：在中央為內政部；在直轄市為直轄市政府；在縣（市）為縣（市）政府。

第四條　登記為社會團體者，其會員數應有二十個以上。

第五條　　社會團體分全國性及地方性二類。登記為社會團體者，其會員分布二個以上直轄市、縣（市），得向中央主管機關登記為全國性社會團體；分布於同一直轄市、縣（市）之會員數達前條規定，得向該直轄市、縣（市）主管機關登記為地方性社會團體。前項所稱會員分布，指其戶籍所在地、住（居）所、就業處所、會址所在地或經主管機關認定者。

第六條　　社會團體之名稱不得與他社會團體名稱相同，並不得使用易使人誤認其與政府機關（構）有關或有妨害公共秩序或善良風俗者。地方性社會團體，應冠以地方自治團體名稱。

第二章　登記

第七條　　登記為社會團體者，於舉行成立大會，訂定章程，並選任理事及監事後三個月內，以書面或網際網路方式檢具成立大會會議紀錄、章程、負責人與理事、監事名冊、會員名冊、年度業務計畫與預算表及其他經主管機關指定之文件，向主管機關辦理登記。社會團體應登記事項如下，並由主管機關公告之：

一、名稱。
二、宗旨及任務。
三、會址。
四、章程。
五、負責人姓名。

六、理事與監事之姓名及任期。

第八條　社會團體章程應載明下列事項：

一、名稱、宗旨、任務及組織區域。

二、會員（會員代表）大會、理事會、監事會與其他組織及其職權。

三、前款組織之集會與通知方式、程序、決議及召集人不為召集時之處理方法。

四、負責人之職稱、任期、選任及解任。

五、理事、監事之職稱、名額、任期、選任及解任。

六、會員（會員代表）類別、資格之取得與喪失及其權利、義務。

七、置會員代表者，其名額、選區之劃分、任期、選任及解任。

八、章程修改之程序。

九、會費之繳納數額及方式。

十、解散後賸餘財產之歸屬。

十一、其他依法律規定應載明之事項。

前項第四款、第五款負責人及理事、監事之職稱，不得使用易使人誤認其與政府機關（構）有關或其他有誤導公眾之虞者。

本法施行前已依人民團體法立案之社會團體，其章程與第一項規定不符者，應於施行後最近一次召開會員（會員代表）大會時修正之

第九條　　登記為社會團體除有下列情事之一者外，主管機關應予登記，並發給登記證書：

一、非以公益為設立目的。

二、未依第七條第一項期限登記。

三、登記應備文件不齊。

四、與第四條、第五條或第六條規定不符。

五、章程未載明前條第一項各款事項。

有前項第三款至第五款情事之一者，主管機關得通知限期補正；屆期未補正者，不予登記。

第十條　　社會團體之圖記由其自行製用，並拓具印模送主管機關備查；其規格長、寬、直徑或短徑應在三公分以上，且不得使用橡膠等易變形材質。不適用印信條例有關規定。

第十一條　　社會團體得檢具主管機關核發之登記證書依法向會址所在地之地方法院辦理法人登記，不適用民法第四十六條規定。前項社會團體應於完成法人登記後三十日內，將法人登記證書影本送主管機關備查。

第十二條　　社會團體有下列情形之一者，應於事實發生之日起三十日內，以書面或網際網路方式檢具相關文件向主管機關辦理變更登記：

一、應登記事項變更。

二、依章程、第二十條第一項第六款規定決議合併或分立。

前項社會團體已辦理法人登記者，應於主管機關變更登記後，向法院辦理變更登記。

第十三條　社會團體有應登記之事項而不為登記，或已登記之事項有變更而不為變更登記者，不得以其事項對抗善意第三人。

第十四條　社會團體決議解散者，應於決議日起三十日內，以書面或網際網路方式檢具會員（會員代表）大會會議紀錄向主管機關辦理解散登記，並由主管機關註銷其登記證書及公告之。前項社會團體已辦理法人登記者，應於主管機關解散登記後，向法院陳報。

第三章　會務

第十五條　社會團體理事及監事應各為三人以上且為奇數，由會員（會員代表）中選舉之。社會團體置負責人一人，為當然理事。

第十六條　社會團體負責人、理事及監事之任期均不得超過四年，除章程另有限制外，連選得連任。但負責人之連任，以一次為限。前項人員出缺時，其補選或遞補人員繼任至原任者任期屆滿為止。經補選為負責人者，該任期應計入連任次數。

第十七條　社會團體會員（會員代表）大會、理事會或監事會之召開，應以集會方式為之。會員（會員代表）、理事或監事應親自出席前項會議；以視訊或其他經中央主管機關公告之方式參與會議者，視為親自出席。會員（會員代表）不能親自出席大會時，得以書面委託其他會員（會員代表）代理。每一會員（會員代表）以代理一人為限。

第十八條　社會團體會員（會員代表）大會每年至少召開一次。會員（會員代表）大會、理事會或監事會應有會員（會員代表）、理事或監事各過半數之出席，始得開會。

第十九條　社會團體應建立會員（會員代表）會籍資料，隨時辦理異動更新，並於適當地點陳列，提供會員（會員代表）及利害關係人閱覽。理事會於會員（會員代表）大會召開或辦理選舉前，應審定會員（會員代表）名冊，所列會員（會員代表）之權利義務受限制者，應予以註明。

第二十條　下列事項應經會員（會員代表）大會決議：

一、章程之訂定及變更。

二、理事或監事之選任及罷免。
三、年度之預算、工作計畫與決算及工作報告。
四、不動產之處分、設定負擔及購置。
五、會員（會員代表）之除名。
六、合併或分立。
七、解散。
八、其他依章程規定應經會員（會員代表）大會決議事項。

前項第一款、第四款、第六款及第七款之決議，應有全體會員（會員代表）過半數之出席，出席人數三分之二以上之同意。

第二十一條　社會團體合併後，應由存續或新設社會團體承受消滅社會團體之權利義務。

第二十二條　會員（會員代表）大會之召集程序或決議方法違反法規章程時，會員（會員代表）得於決議後三個月內，訴請法院撤銷其決議。但出席會議之會員（會員代表）未當場表示異議者，不得為之。

第二十三條　會員（會員代表）大會之決議內容有違反法規或章程者，無效。

第四章　財務

第二十四條　社會團體經費來源如下：

一、入會費。

二、常年會費。

三、其他收入。

第二十五條　社會團體對其財產、孳息及其他各項所得，不得有分配盈餘之行為。

第二十六條　社會團體之會計年度除國際團體章程另有規定外，採曆年制，財務報告之編製應符合一般公認會計原則。前項所稱國際團體，指經外交部認可之國際組織在我國設立之團體。

社會團體年度收入決算數或資產總額達中央主管機關公告之一定金額以上者，其財務報表應經會計師查核簽證。

第二十七條　社會團體財務處理之項目、會計報告與財務報表內容及其他相關事項之辦法，由中央主管機關定之。

第五章　促進

第二十八條　社會團體得依有關稅法之規定減免稅捐。

第二十九條　　主管機關或目的事業主管機關得運用公有空間，提供社會團體會務或業務發展使用。

第三十條　　主管機關或目的事業主管機關為促進社會團體之發展，得編列年度預算辦理相關教育訓練、獎勵及其他培力措施。

第六章　管理

第三十一條　　下列資訊，社會團體應主動公開：

一、第七條第二項規定應登記之事項。

二、依本法登記之年、月、日及登記證書證號；法人登記之年、月、日及登記證書證號。

三、會員（會員代表）大會、理事會及監事會會議紀錄。

四、年度之預算、工作計畫與決算及工作報告。

五、年度接受補助、捐贈之名單清冊及支付獎助、捐贈名單清冊。

六、業務或活動涉有收費、勸募或其他類似情形之財務收支報表。

前項主動公開之方式，除法律另有規定外，應選擇下列方式之一行之；涉及個人隱私部分，於公開時應予以適當遮蓋：

一、利用網際網路或其他方式供公眾線上查詢。

二、提供公開閱覽、抄錄、影印、錄影或攝影。

第一項各款資訊公開之期限，由中央主管機關訂定並公告之。

第三十二條　社會團體經費來源僅為入會費、常年會費且年度收入決算數或資產總額未達中央主管機關公告之一定金額者，得不公開前條第一項第三款及第四款資訊。

第三十三條　社會團體辦理之業務或活動，應依目的事業主管機關相關規定辦理。

第三十四條　社會團體業務、財務或活動有違反法規或妨害公益之虞，主管機關或目的事業主管機關得派員或委託專業人員進行查核，社會團體非有正當理由，不得規避、妨礙或拒絕。

社會團體無正當理由規避、妨礙或拒絕前項之查核，經主管機關或目的事業主管機關限期令其改善，屆期未改善者，由主管機關或目的事業主管機關處新臺幣一萬元以上五萬元以下罰鍰，並得按次處罰至改善為止。

第三十五條　社會團體有違反本法、章程或妨害公益情事者，除本法另有規定外，主管機關應限期令其改善，屆期未改善者，廢止其登記，註銷其登記證書並公告之。

社會團體業務或活動有違反目的事業主管機關主管法規者，由各該目的事業主管機關依相關法規處理，並得通知主管機關廢止其登記，註銷其登記證書並公告之。

第三十六條　社會團體有下列情事之一者，由主管機關廢止其登記，註銷其登記證書並公告之：

一、連續四年未召開會員（會員代表）大會。

二、未依第十四條第一項規定辦理解散登記。

三、有第三十五條第一項情形，且情節重大。

主管機關對已完成法人登記之社會團體為前項廢止登記後，應通知法院。

第三十七條　社會團體解散後，賸餘財產不得歸屬於自然人或以營利為目的之團體。但其經費來源僅為入會費、常年會費者，不在此限。

第七章　附則

第三十八條　國際公約、協定或章程涉及社會團體事務者，中央主管機關得參照其內容，公告採用施行。

第三十九條　受政府委託辦理國際事務之社會團體，其中央目的事業主管機關得就該團體之運作另定規範，不適用本法相關規定。

第四十條　國際性非政府組織在我國設立之辦事處，取得該組織之授權證明文件，並經目的事業主管機關認可者，得向主管機關登記為社會團體。
依前項規定登記之程序、要件、應備文件、財務申報、變更登記及其他相關事項之辦法，由中央主管機關定之；不適用本法相關規定。

第四十一條　本法施行細則，由中央主管機關定之。

第四十二條　人民團體法有關社會團體之規定，自本法施行日起，不再適用。

第四十三條　本法施行日期，由行政院定之。

國家圖書館出版品預行編目資料

社會團體　開會秘籍／林宣宏編著.　--初版.--
臺中市：白象文化事業有限公司，2022.7
面；　公分
ISBN 978-626-7105-76-4（平裝）

1.CST: 會議管理
494.4　　111004978

社會團體　開會秘籍
Social association meeting guide

編　　著　林宣宏（聯絡電話：0937-598-778）
校　　對　林宣宏
發 行 人　張輝潭
出版發行　白象文化事業有限公司
　　　　　412台中市大里區科技路1號8樓之2（台中軟體園區）
　　　　　出版專線：（04）2496-5995　傳真：（04）2496-9901
　　　　　401台中市東區和平街228巷44號（經銷部）
　　　　　購書專線：（04）2220-8589　傳真：（04）2220-8505
專案主編　黃麗穎
出版編印　林榮威、陳逸儒、黃麗穎、水邊、陳媁婷、李婕
設計創意　張禮南、何佳諠
經紀企劃　張輝潭、徐錦淳、廖書湘
經銷推廣　李莉吟、莊博亞、劉育姍、林政泓
行銷宣傳　黃姿虹、沈若瑜
營運管理　林金郎、曾千熏
印　　刷　基盛印刷工場
初版一刷　2022 年 7 月
初版二刷　2022 年 9 月
定　　價　450 元